从微尘到人类

35亿年的生命小史

约翰·H.布瑞德雷 ／著

田琳 ／译

中国妇女出版社

前言
P R E F A C E

　　地球的生命史不仅是博物馆展览柜中收藏的贝壳和骨骸的演进过程，也不仅是生物形式和功能的变化过程，更是史诗般的壮观场面。在人类所有荒谬至极的信念里，最奇怪的一条便是坚持认为低等动物缺乏意识、无力自主，只有人类才是生命的主宰。严格来说，人类同样不知道自己是如何获得在如今世界中的地位的，这一点和牡蛎完全一样。自然界的设计原则并不是使某种生物比其他生物更加理性。作者在写这个关于低等动物的故事时，之所以使用人类的词汇，只是因为他们完全不懂牡蛎的语言罢了。如果不考虑冲突的原因，在生命大戏里的那些低等生物和文明人别无二致。所有生物之间都有着亲缘关系，这是一条根本的真理。在这条真理中并没有可悲的谬误，它只存在于对真理自以为是的嘲讽当中。

斯图尔特·舍曼 ❶ 曾说过："19世纪思想家的革命性创举是让人类回归自然，而20世纪思想家的伟大任务是引导人类再度走出自然。"本书作者则认为，更适合的做法还是秉承谦虚的态度，让人类待在现在的位置，并努力去理解自己所处的地位。要做到这一点，我们必须了解造就我们命运的诸多力量和塑造我们成形的各种物质。如果这本书能让读者跟随生命发展的洪流，理解人类的存在意义，能吸引读者沉浸于这场自然界最宏大、最壮观的戏剧中，那么作者将会欣慰地感到他的心血没有白费。

需要说明的是，原版图书问世于若干年前，随着科技的进步和发展，当时的许多知识到了今天已有更新，请读者知悉。

❶ 斯图尔特·舍曼（Stuart Sherman，1881—1926），美国文学批评家、教育家，因对门肯作品的研究而闻名。

目录 CONTENTS

第一部分

洪荒时代

第一章　太阳之子　002

第二章　奇妙的无机物　016

第三章　生命的起源　028

第四章　最早的化石　036

第五章　从三叶虫到无脊椎海洋动物　048

第六章　从水生脊椎动物到陆生爬行动物　058

第七章　植物的进化　070

第八章　揭开地下世界的神秘面纱　080

第九章　海洋与陆地的变化带来的生存危机　092

第二部分
"帝王"的
陨灭

第十章　恐龙传说　104

第十一章　被遗忘的海洋爬行动物　120

第十二章　会飞行的脊椎动物　136

第十三章　哺乳动物的出现　148

第十四章　神秘的有蹄哺乳动物　164

第十五章　恐怖的肉食性动物　184

第十六章　猿人的故事　200

第三部分
智慧的崛起

第十七章　苦难的生命之旅　210

第十八章　人类的繁衍　224

第十九章　大自然在自我重复中进化　236

第二十章　进化的反面　248

第二十一章　通往宇宙的高速发展的智慧　262

译后记　276

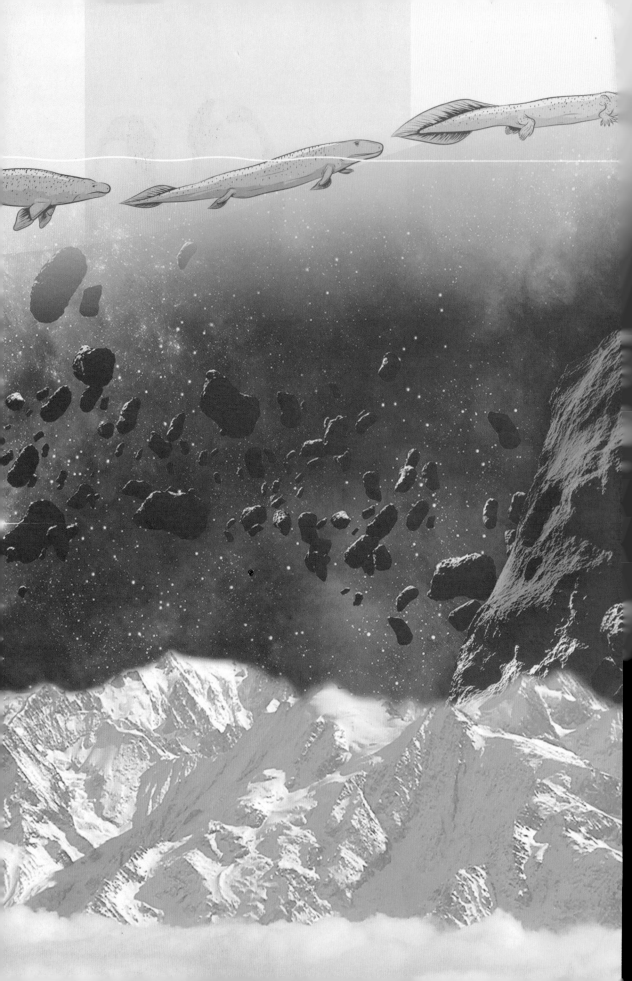

第一部分

洪荒时代

地球的生命史不仅是博物馆展览柜中收藏的贝壳和骨骸的演进过程，也不仅是生物形式和功能的变化过程，它更是史诗般的壮观场面。在人类所有荒谬至极的信念里，最奇怪的一条便是坚持认为低等动物缺乏意识、无力自主，只有人类才是生命的主宰。

第一章
太阳之子

没有目光能触及它的边际，也没有仪器能测量出它的广度，更没有科学家能分析明白它的"水体"——它便是宇宙之海。没有什么东西能像它一样空虚、寒冷，但正是这片浩瀚的星空孕育了我们的生命。在恒星世界里，有的和我们的太阳系一样大，有的则比太阳系大上无数倍。在这片虚无里，恒星像鱼群一般游荡着，但它们和鱼群不同，鱼群可能因为头鱼一时兴起而改变方向，或是因天敌的突袭而被消灭殆尽——它们的命运完全掌握在变幻莫测的环境手中。而在宇宙里，恒星的运

⬇ 繁星闪烁的夜空。据估算，宇宙中有 20 万亿亿～40 万亿亿颗恒星

行遵守着完美的秩序——从围绕小小行星公转的最微小的卫星，到整个宇宙里最大的超星系世界，一切都遵守着这个自然界的第一法则。在这里，混沌和突变是不存在的。

如今，利用先进的天文望远镜已经能看到数亿个星系。这些星系聚成薄薄的表盘状，这个"表盘"的最大直径是其厚度的 10 ~ 15 倍。若沿着这个"表盘"的赤道轴从一端走到另一端，恐怕要花 10 万光年之久——要知道光速是每秒约 30 万千米，人类脉搏每跳动一次，光就能绕地球转 7 圈了。星系是恒星聚集的地方，我们也处在这样一个星系之中，它就是我们所熟知的银河。现在，我们已经知道自己在这个星系中所处的位置——接近银河系的外侧边缘。当我们遥望银河轻纱般的光晕

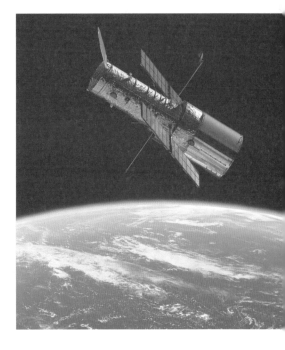

⬆ 在宇宙空间的哈勃空间望远镜。1990 年由"发现者"号航天飞机发射升空，使人类得以从外层空间直接观察宇宙

⬇ 银河系。我们所生活的地球在其外围。银河系大约有 4000 亿颗恒星，直径约为 12 万光年

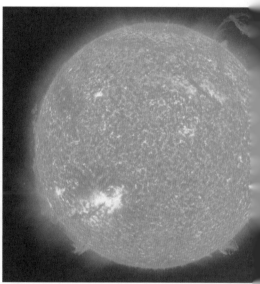

⬆（左）哥白尼日心说示意图。日心说认为，太阳是银河系的中心，地球不过是太阳的附庸之一

⬆（右）太阳。太阳是位于太阳系中心的恒星。它是热等离子体与磁场交织的一个理想球体，约占太阳系总质量的99.86%

时，视线所穿越的正是这个星系的长轴。无论是太阳，还是种类繁多的恒星——由炽热气体构成的恒星，已经燃烧成灰烬的黑暗死亡恒星，疏散星团和球状星团里的单颗恒星，广大的不规则星云中的恒星，还有许多性质尚不确定的星云中许许多多的恒星，所有这一切都在运动——不仅是星系整体，也包括星系中的各个小成员。

太阳和它忠实的随从一起，在群星云集的星系里走着自己的路，路线是由某种神秘的作用力决定的，这种作用力让我们的宇宙协调如一，也让太阳和它的随从更紧密地结合在一起。几百年前，哥白尼抛弃了人类的虚荣心，证明地球不过是太阳的附庸之一。现代天文学则在这条道路上走得更远，

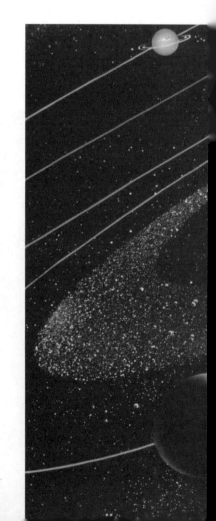

彻底关闭了人类妄想的空间：太阳不过是亿万颗恒星中的一颗，而现在目之所及的诸多耀眼的恒星，很可能也并非全部。就像亡者比活人更多一样，死去的恒星很可能比亮着的恒星多得多。在银河系之外，还有其他星系，它们的形状和大小都与银河系类似，但距离我们却非常远，以至于它们的星光传到我们这里至少要花 100 万年。

太阳和它的小小家族在宇宙里游荡，就像被抛弃的货物在洋流里随波逐流一样。人类则像这块漂流的碎片上的一个细菌，如无限时空中的一个分子，似永恒一日里的一刹那。他们迷失在宇宙当中，对自己的存在意义和最终归宿全然无知。幸运的是，为了心灵平静起见，人类的哲学思考也很少上升到天文学的高度。人类唯一在意的就是天上最大的那颗恒星有朝一日或许会消失，除此之外，他们担忧的不过是人世间的问题而已。但是他们仍然会对身外的宇宙产生某些兴趣。毕竟，很可能正

⊙ 太阳系示意图。太阳系是指由太阳、行星及其卫星与环系、小行星、彗星、流星体和星际物质所构成的天体系统及其所占有的空间区域，主要包括八大行星

⟶ 分光镜（光谱仪）功能示意图。利用色散元件，其可将白光分解成不同波长的单色光，且可构成连续的可见光光谱

是宇宙中的某次突变给了他们生命，而未来一次类似的突变却可能终结他们的生命。

现代的科学家从不怀疑，太阳系中的行星、卫星、流星、彗星原本都源自太阳。分光镜（光谱仪）已经证明地球与太阳的亲戚关系：这种仪器能把太阳射出的白光分解成一系列光带，每条光带对应着一种确定的化学元素。我们从中得知，太阳的组成元素和地球的组成元素非常相似，地球上的已知元素基本都能在太阳上找到，在其他行星和它们的卫星及彗星上，我们也没有发现与地球上化学元素不同的元素。显然，太阳系的所有成员之间都存在着亲缘关系。

地球和它的"姊妹"们是如何诞生的呢？对此人们提出了好几种猜想。其中，法国天文学家拉普拉斯❶的星云假说一度被普遍接受。他认为，太阳系的母恒星是一团炙热气体星云，直径超过80亿千米，足以把太阳系最外侧的行星——海王星的轨道也包括进来。这团母星云缓慢旋转，不断收缩。由于温度不断降低，它的旋转速度逐渐增大，最终有一环气体与星云分离开来，自行凝固成一团气体，并围绕太阳旋转，这便是母恒星产下的第一个子女——海王星。随后，这团不断收缩的气体星云不断分离出一环又一

❶ 拉普拉斯指皮埃尔·西蒙·拉普拉斯（Pierre Simon de Laplace，1749—1827），法国著名天文学家和数学家，天体力学的集大成者。在天文学上提出了著名的拉普拉斯定理（行星的轨道大小只有周期性变化），在数学和物理学方面是拉普拉斯变换和拉普拉斯方程的发现者。其著作有《天体力学》《宇宙体系论》等，星云假说就是在《宇宙体系论》中提出的。

环的气体，天王星、土星、木星、火星、地球、金星和水星便依次产生。行星们也用类似的方式分离出各自的气体环，这些气体环最终凝固成卫星，围绕着生成它们的行星公转，就像行星围绕着太阳进行公转一样。

星云假说初步回答了太阳系形成的问题，当然这个说法还有缺陷。它太简单，无法解释太阳系中的复杂运动。对母星云在收缩到最内侧行星——水星轨道之内以前能否分离出气体环这一点也有诸多怀疑。如果拉普拉斯的假说是正确的，那么卫星应该都沿着行星自转的方向进行公转。但土星的一颗卫星、木星的两颗卫星的公转方向却与其行星的自转方向相反。同样，按照拉普拉斯的假说，行星的自转速度应该比各自的卫星的公

⊙ 星云假说示意图。该假说认为，太阳系的母恒星是一团炙热的气体星云，由于不断旋转和收缩，最后在星云中心形成太阳

转速度快，而太阳应该是太阳系所有成员中自转速度最快的，因为降温和收缩过程会增加自转速度。但实际上，最靠近火星的卫星福波斯❶围绕火星公转的速度是火星自转速度的3倍。木星占太阳系的总质量比例不到千分之一，自转速度却是整个太阳系中最快的，要知道，按照拉普拉斯的理论，这一速度本应属于太阳。

因此，星云假说在现代物理学和现代天文学的事实面前只能甘拜下风。但这却促进了新一代科学家的成长，旧理论会不断被新理论取代，是新理论成长的催化剂。星云假说之所以会在科学发展史上占有一席之地，一是因为它的某些错误促进了新理论的发展，二是因为人类必须具备某种宇宙进化论的观点，即便是错误的宇宙进化论观点，也会像伪神一样，敦促思想者们去不断探究宇宙的终极真理。

❶ 木星。木星是太阳系中距太阳从近到远排列的第五颗行星，是太阳系中体积最大、自转速度最快的行星。科学家已发现木星有63颗卫星。其总质量比太阳系其他行星的总和还大

❶ 即火卫一。

在达尔文提出生物进化论之后，理论科学界最重要的贡献可能就是由芝加哥大学的张伯伦教授和摩耳顿[1]教授提出的星子假说。和之前的学者一样，他们也相信地球是太阳的子孙。但与拉普拉斯不同的是，他们认为太阳不仅是地球的母亲，还是它的父亲。他们认为，在远古时期曾有一颗恒星运行到距离太阳足够近的区域，它的引力足以对太阳产生影响。要知道，即使到了现在，太阳表面依旧不断喷发白热物质，喷发高度接近 30 万英里[2]，速度则超过每秒 300 英里。当然，喷发出来的物质通常都会落回到太阳中去。但在当时，太阳系还在形成当中，喷发出来的物质很可能被经过的恒星用强大的引力从太阳的某一侧拉了出来，形成一条螺旋状旋臂。在恒星远去之后，太阳的引力不足以将这些物质拉回去。于是，旋臂中的喷发物质就被分离出来。在寒冷的宇宙空间中，这些气体状物质迅速凝固成块状固体，有的大，有的小，还有无数微小的颗粒分散其间。所有这些星体都沿着椭圆形轨道围绕太阳进行公转。

随着时间的推移，旋臂里的大块物质和小颗粒之间由于椭圆轨道的偏心率不同而发生碰撞。大的固体块利用自身较强的引力，一边公转，一边不断吸收体积较小的物质，从而越长越大。它们通过扫荡较小的物质，最终成长为一颗行星。卫星成长的方式也相同，只不过它们体积比较小，最终无法长到行星的体积。同时，每一次碰撞都会使行星轨道发生少许修正，使之从椭圆形越来越接近圆形。需要注意的一个事实是：一般认为大行星（如木星、土星、天王星、海王星）吸收的星子物质数量最多，它们的轨道也确实最接近圆形；而那些无关紧要的小行星（太阳系形成的副产品）围绕太阳公转的轨道偏心率确实都相当高。各颗行星吸收星子物质的方式和速率并不相同，这一点可以用来解释为什么各颗行星的自转速度不

---

[1] 张伯伦指托马斯·张伯伦（Thomas Chamberlain，1843—1928），美国地质学家。摩耳顿指福雷斯特·莫尔顿（Forest Moulton，1872—1952），美国天文学家。张伯伦于 1900 年提出星子假说，摩耳顿加以发展，挑战拉普拉斯的星云假说。该理论曾在 20 世纪 30 年代风靡一时，但到了 40 年代，由于无法解释木星的自传角动量问题，星子假说已被摒弃。现在还相信这一假说的天文学家为数甚微。

[2] 1 英里≈1.61 千米，本书中的"英里"同此换算。

星子假说：一颗恒星来到太阳附近，引力的作用使这颗恒星从太阳中拉出一些物质，这些物质逐渐冷却成小碎块（星子），并聚合成行星

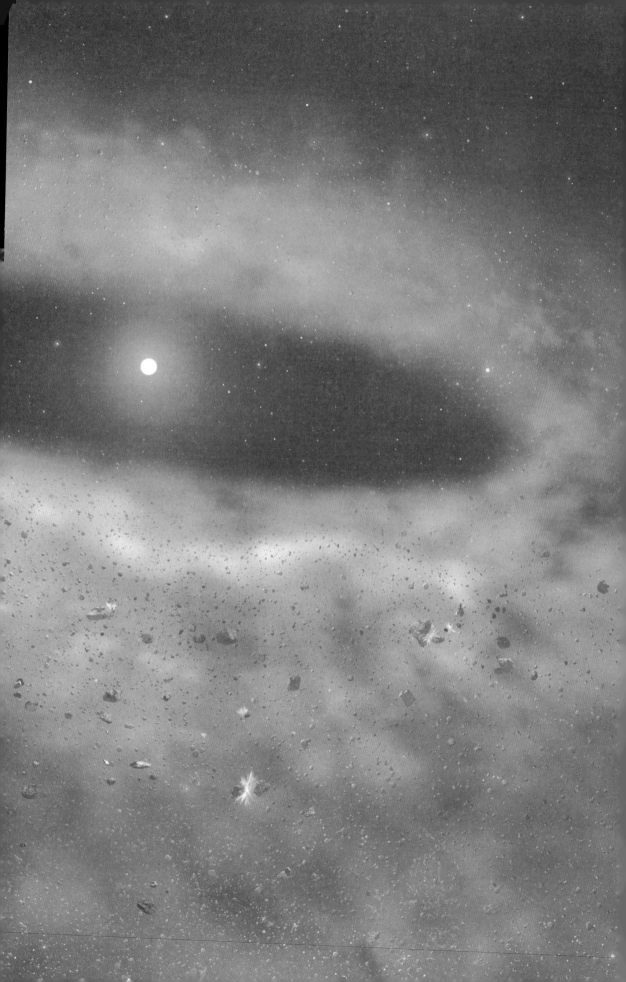

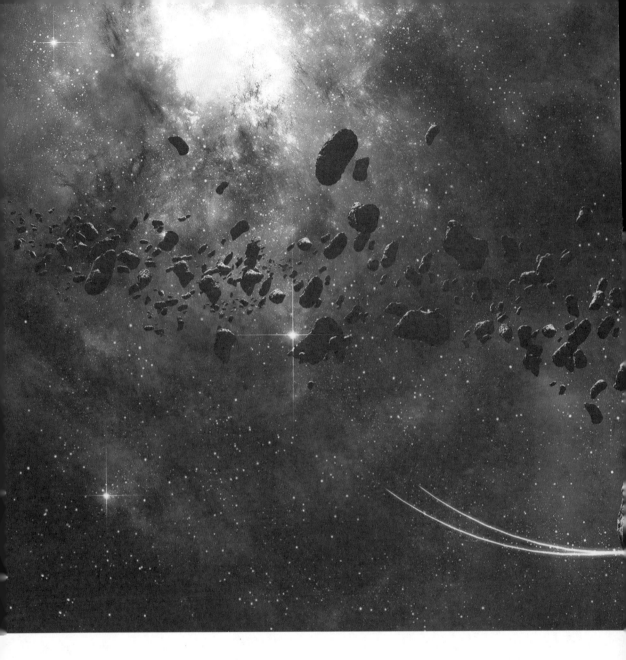

同，也能解释为什么那3颗卫星会沿着与行星自转相反的方向进行公转。

星子假说很好地解释了当时有关太阳系的所有已知事实。但人们也对它的某些细节提出了修改意见。比如，巴雷尔认为，必定曾有相当大的星子物质坠入固态地核，其冲击力和速度足以熔化成长中的行星；金斯和杰弗里则坚信行星和它们的卫

⬆ 位于木星和火星之间的小行星带想象图。据推测，该处大约有50万颗小行星存在。科学家认为，这些小行星就是太阳系形成初期，因某种原因而未能形成一个大行星的物质残余

星从形成伊始就是气液混合状
态[1]；星子假说的拥护者坚持认
为地球的成长十分缓慢，它绝
大部分时间是既寒冷又坚固的。

很遗憾，无论想要证明这
些假说里的哪一个，所需要的
关键证据都被深埋在后世不断
加厚的岩石碎片之下。如果地
球是由液体凝固而来，那么应
该能发现在它冷凝过程中形成
的原始地壳的遗迹，就像能在
高温熔炉里找到矿渣一样，但
科学家至今还没有类似的发现。
同样，如果地球是由寒冷的星
子物质缓慢积累起来的，那么
我们也应该能找到这类物质的
踪迹，但大自然不会轻易让我
们得逞。自然界的各种变化要

[1] 巴雷尔指约瑟夫·巴雷尔
（Joseph Barrell，1869—1919），
美国地质学家，对地球进化理论、
地壳均衡和沉积岩起源等理论贡献
卓著。金斯指詹姆斯·金斯（James
Jeans，1877—1946），英国物理学
家、天文学家、数学家，在量子力
学、辐射和恒星演化等领域作出重
要贡献。杰弗里指哈罗德·杰弗里
（Harold Jeffreys，1891—1989），
英国数学家、统计学家、地质学家、
天文学家，在应用数学、行星天文
学和地球物理学等许多方面有重要
贡献，他最先提出了地核液态假说。

↑ 从太空中看到的
地球，湛蓝、美丽
无限。这也是我们人
类目前唯一的家园

么把这类踪迹隐藏起来，要么已经让它们消失了。就我们目前
所知，只有一件事是确定的：过去的地球不可能同时呈现液体
和固体两种状态。我们现在还很难在各种假说里找到真理之
路，但时间和未来的发现有朝一日或许会为我们指引出这条
道路。

　　现在，对地球的早期历史有两种说法，对这一点我们应该
感到满意。二者之一最后可能会被证明是正确的，但两种都
错也不是不可能的。有些人相信地球从诞生之日起就是固体，
他们认为它最初是块状，大小大概是现在的十分之一。这个固
体核在运行路径上慢慢聚集星尘。它吸收的星子物质体积都
不太大，不足以让地球变成液体，但它们带来的热量又能够
让它释放出一些气体。随着地球不断变大，它自身的引力足以

阻止这些气体扩散，这样便开始形成大气层。与此同时，放射性矿物的衰变也产生了热量，这使成长中的地球内部压力不断增加，从而产生更多的热量，易熔的岩石因而熔化成了液体，火山开始形成，更多的气体被释放到大气层中。水蒸气在大气里不断聚积，最终凝结成雨。这样，地球岩石累累的表面就出现了水洼，低地最终被水淹没，海洋就此开始了漫漫生涯。

生命的诞生是各种适宜条件下的自然结果。它过去曾在泥泞中长期挣扎，未来却可能比过去的梦想更加辉煌。即便到了未来，所有现在的适宜条件都不复存在，生命体也会继续挣扎求生。

那些相信地球曾是液体状态的人讲的故事更加悲哀。在他们的故事里，地球昨天还在地狱般的高温里蒸烤，明天又将如月亮一般冰冷死寂。整个太阳系都在走下坡路，生命不过是混乱暗夜里的一道闪电，待白日降临便将消失得无影无踪。我们现在拥有生存所必需的特殊条件：充足的空气和水、适宜的温度。但地球注定是要灭亡的，它的气温会降到宇宙空间的绝对零度，无论人类还是低等生物都将无法生存。太阳和它的孩子们会继续在时空里游荡，过去不过是记忆里一段失落的片段，未来又全无希望。现在，我们不可能知道哪种说法是正确的，但时间会揭示真相。在那之前，就让情人们继续谈情说爱、政治家继续唇枪舌剑、科学家继续为他们的理论添砖加瓦吧！

第二章
奇妙的无机物

生命是一系列特殊条件风云际会的产物，这种存在很可能是独一无二的。在一片死寂的荒凉世界里，生命显得那么渺小、虚弱、孤立无援。残酷的环境一有机会就要打击它。不管生命的诞生有多么不可思议，它毁灭的悲剧却每天都在发生。生命的存在是那么脆弱：如果我们从 15 米高的地方摔下来，肯定会一命呜呼。同样，要是自然界发生大的变化，或是地球上的热

🔻 地球与太阳的距离刚刚好——既为地球提供了适宜的温度，让大部分水保持液态，促进生命的形成，又使地球发挥引力作用，留住大气层

◐ 生命之美

量、空气和水的含量发生大的变化，一切生命也就都结束了。就我们所知，如果温度高于水的沸点或低于水的凝固点，多数生命是不能长期生存的。实际上，大多数动植物生存所需的温度要求更严格。地球距离太阳恰好够近，能获得维持生命所需的热量，它又恰好够大，能吸引住保存这些热量的大气层。空气和水也一样，要是它们的含量或成分发生较大变化，生命的脉搏就无法继续跳动了。很多天文学家认为：在另一个星球上重现这些适宜条件的可能性非常小。大自然孕育了一切，有朝一日它也可能将一切全部摧毁。

在死寂的宇宙里，我们的存在显得既不合理，又无比独特。生命与它诞生所需的土壤之间的联系实在太密切了，让我们无法对生命本身给出一个令人满意的定义。亚里士多德说："生命是能够自我营养并独立生长和衰败的力量。"❶ 2000 多年后，斯宾塞认为："生命是为了适应外在关系而对内在关系的不断调整。"我们还可以引用许多定义，但都不能让人满意，因为它们描述的都不是生命本身，只是生物的性质而已。我们对生命的了解并不比对声、光、热、电的

❶ 出自亚里士多德的《动物志》。

↑ 地球生命组图 了解更多，只是对它有何表现略知一二罢了。

另外，只有浪漫主义者才会认为生命是无法理解的神秘存在。他们坚信生命是不可知的，有不可知的力量凌驾于现实世界的物质和能量之上。这些人并不怎么关心真理，他们更在乎自己的希望和幻想。但我们所知的生命却并非某种理论，它是一种过程。

20 世纪所有的科学研究都支持这样一个结论：自然界没有什么东西是完全静止的。"迟钝的地球"只是对那些视而不见的人才显得迟钝罢了：地球表面的模样始终在缓慢地改变着，动植物在时间的长河里也是不断地生长变化着，千姿百态，华美壮观。拉马克[1]、达尔文和他们的继承者曾经清楚地展示了生物世界的进化过程，现代物理学家和化学家同样清楚地说明了物质的基本组成单元。物质和

[1] 让 - 巴蒂斯特·拉马克（Jean-Baptiste Pierre Antoine de Monet Lamarck, 1744—1829），法国博物学家，进化论的倡导者和先驱。他在 1809 年出版的《动物学哲学》一书中系统地阐述了他的进化理论，即通常所称的拉马克学说。书中提出了用进废退与获得性遗传两个法则，并认为这既是生物产生变异的原因，又是适应环境的过程。达尔文在《物种起源》一书中曾多次引用拉马克的学说。

能量是不灭的。在一段短暂的时间里，某些特定的动植物会以某些特定的形式占有一定的物质和能量。随着生物的死亡，这些特定的形式也会随之消亡，但物质和能量本身并没有完全消亡，换个时间，换种生物，它们依旧存在，之后还会继续被其他生物占有——如此循环，生生不息。通过这些形式，生命获得了永生。

人类的错误观念可以构成一座地狱，无生源说[1]的幽灵曾经从中悄悄升起，并困扰着探究生命起源的科学家。当然，它只是偶尔出现，出现时也很少受到欢迎。尽管它已过去多年，但人们都还记得它曾经是怎么作恶的。它蒙蔽了古代社会最全知

● 地球生命的进化

---

[1] 无生源说（spontaneous generation），又称自然发生说，是一种阐释从无机物中产生地球生命的理论。

全能的心灵：亚里士多德、卢克莱修 [1]、维吉尔 [2]、奥维德 [3]、老普林尼 [4]；它导致中世纪的诗人、哲学家、博物学家纷纷误入歧途；它让冯·赫尔蒙特构想出了那个著名的"制造老鼠的配方"——往装着脏亚麻布的罐子里加几颗麦粒或一块奶酪，你想要的老鼠就会出现。

⊃ 早期的无生源说想象图。这种理论显然是荒谬的。事实上，任何生物都是进化而来的。这也能看出人类对生命起源孜孜不倦的想象和探索

由于当时缺乏可以进行精密观测的仪器，更缺少精密观测的意愿，人们都相信生命可以由无机物自动产生。腐朽的骨架可以繁殖昆虫，腐肉可以生蛆，雨水能产生微生物，采石场里新敲裂的石块能孕育癞蛤蟆，把马鬃放进一杯水里就能生出线虫。有一个中世纪的意大利人曾严肃地发表他的研究结果：海水里腐烂的木材能产生蠕虫，然后蠕虫会变成蝴蝶，蝴蝶最终会长成夜莺。

直到 17 世纪晚期，才有人认真质疑起无生源说的正确性。当时弗朗切斯科·雷迪 [5] 发现，只有苍蝇在腐肉上产卵之后，蛆

---

❶ 卢克莱修指提图斯·卢克莱修·卡鲁斯（Titus Lucretius Carus，公元前99—前55），古罗马诗人和哲学家，以哲理长诗《物性论》著称于世。他反对当时盛行的毕达哥拉斯学派关于灵魂不灭和轮回转世的学说，亦反对神创论，认为物质的存在是永恒的，整个世界包括神都是由原子组成的。

❷ 维吉尔指普布留斯·维吉留斯·马罗（Publius Vergilius Maro，公元前70—前19），古罗马诗人。其作品有《牧歌集》《农事诗集》《埃涅阿斯纪》三部杰作。史诗《埃涅阿斯纪》代表着罗马帝国文学的最高成就。

❸ 奥维德（Publius Ovidius Naso，公元前43—17），古罗马诗人，与贺拉斯、卡图卢斯和维吉尔齐名。代表作有《变形记》《爱的艺术》《爱情三论》。

❹ 老普林尼指盖乌斯·普林尼·塞坤杜斯（Gaius Plinius Secundus，23—79），古罗马作家、博物学者、军人、政治家，以《自然史》（亦译《博物志》）一书留名后世。

❺ 弗朗切斯科·雷迪（Francesco Redi，1626—1697），意大利医学家、博物学家、诗人，是历史上第一位否定无生源说的科学家，被誉为现代寄生虫学之父和实验生物学的奠基人。

才会出现。因此，蛆并不像之前人们所认为的那样，是无父无母自动产生的，它的根源在蝇卵。随后，借助显微镜，斯帕兰扎尼[1]、巴斯德[2]、丁达尔[3]和其他科学家证明：之前被广泛接受的那些无生源说的实例不过是粗糙观察得出的结论。科学界逐渐开始相信：由于无法证明生命能够从无机物中直接产生，所以所有生物都有祖先。这一假说可以用那句著名的格言

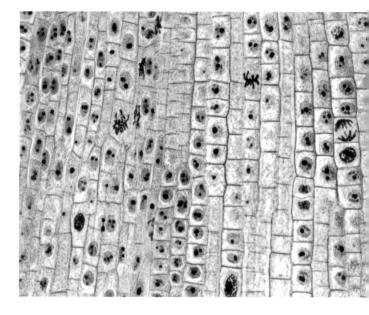

⬆ 植物细胞组织

"万物皆有源"来描述，它也是当代生物科学的圭臬。

但无生源说的幽灵又出现了，因为生命总有开始，亡者必曾生存。人们都相信地球上并不是一直像现在这样栖息着各种生物，只有在地表进化出适宜的条件之后，生命才可能存在。同样，大部分科学家都承认，无论在地球上，还是其他行星上，生命必须首先由无机物直接进化而来。那么，"万物皆有源"这句话至少曾有过这个最初的例外。于是人们自然要问：曾经发生过的事，会不会再发生？即便到了现在，生命是不是还可能从无机物的泥沼中孕育出来？当然，这个过程可能已经变得极其缓慢或进展甚微，让人无法察觉。光合细菌是游荡于生物与

❶ 斯帕兰扎尼指拉扎罗·斯帕兰扎尼（Lazzaro Spallanzani，1729—1799），意大利博物学家，在身体机能、动物繁殖和动物的基本回声定位能力等方面的实验研究上作出了重要贡献。他对生物合成的研究为无生源说的覆灭奠定了基础。

❷ 巴斯德指路易斯·巴斯德（Louis Pasteur，1822—1895），法国微生物学家、化学家，近代微生物学的奠基人之一，以否定无生源说、倡导疾病细菌学说和发明预防接种方法而闻名，是第一个制造狂犬病疫苗和炭疽疫苗的科学家。

❸ 丁达尔指约翰·丁达尔（John Tyndall，1820—1893），英国物理学家，首先发现和研究了胶体中的丁达尔效应，对微生物学亦有贡献。

⬆ 天然的紫水晶簇。水晶主要由二氧化硅组成，在适合的温度和压力下自然结晶而成。如果在其形成时掺入铁、锰等矿物，则会呈现出漂亮的紫色

无机物之间的卫士，严格守护着这两个世界的分界线。但就算是它恐怕也无法压抑大自然的创造力。虽然现在没有人知道这些问题的答案，但理性的科学家不会因为没有亲眼观察到这一过程，也没有在实验室中实验出来，就假定它不可能存在，毕竟这个过程在过去曾经发生过。科学家会努力寻找事实来说明——即便不能证明——这个过程在今天的地球上依旧可能存在。

大部分教科书对生物和无机物之间的相似性都轻描淡写，或略过不谈。它们满足于强调两者的区别，尽量不谈及它们的相似性。确实，在绝大多数情况下，无机物——如原子、大海和太阳——的大小几乎没有限制，而动植物在这方面是有严格限制的。它们的存在形式也是如此：无机物有各种各样的存在形式。但所有生物都必须严格遵循遗传学原理。家猫可能会哭着想长出狮子的肌肉和利爪，但它们永远也长不出来。无机物

世界的组成材料是地球上已知的 92 种化学元素[1]，而生物世界对这些元素千变万化的组合显然已经感到满意了。绝大部分无机物在结构上缺乏组织，而绝大部分生物都有着精密的组织结构——细胞构成组织，组织形成器官，它们彼此完全不同，却相互依存，有机地结合在一起。此外，人们通常认为维持生命最重要的现象是生长、适应环境和繁殖，但在"矿物王国"里却找不到它们的对应现象。

以上便是有关生物与无机物区别的主要观点，两者之间被人为划出了一道不可逾越的鸿沟。但是，和大部分概而论之的观点一样，它们也忽略了例外现象，而在这个比较中，这些例外显然才是最有意思的，很可能也是最重要的。很久以前，赫拉克利特[2]曾把生命比作火焰。首先，生物最重要的特征之一是能从环境中获取物质和能量来维持自身运转。在这一点上，蜡烛的燃烧方式和生物体颇为相似：火焰从空气中吸收氧气，发生化学变化，放出光和热。动植物用相同的方式从环境中获取食物，吸收营养，并以各种形式散发出能量。就人类的成长来说，在婴儿出生以前，卵子中的物质发生了变化；而在孩童成人之前，他的骨骼和肌肉也填充了一些新的物质，但他始终是同一个个体。从某种意义上说，我们不再是童年的自己；但从另一种意义上说，我们和童年时又毫无区别：火焰始终以相同的方式保持着个性。

比火焰的营养来源更重要的两个值得关注的现象是扩散和渗透，它们在无机物和生物中都很常见。在一杯水中加入一些盐，盐会渐渐溶解，慢慢通过扩散过程均匀分布到整杯水中。扩散是由杯中的分子浓度分布不均匀导致的。盐分子会从浓度高的地方移向浓度低的地方；相反，水分子会从浓度低的地方移向浓度高的地方，最终导致杯中的液体浓度重新达到平衡：盐均匀地溶解、分散在水中，而不会受重力影响导致浓度不均。

---

[1] 目前已发现的化学元素有 118 种。——译者注
[2] 赫拉克利特（Heraclitos，前 540 —前 480），古希腊哲学家，爱非斯学派的代表人物。著有《论自然》一书，现有残篇留存。他主张火与万物可以相互转化，认为火的燃烧和熄灭都有一定的尺度。

渗透现象是阿贝·诺雷[1]在 1748 年发现的，当时他把一个装满酒精的猪尿脬浸在水里，观察到水渗透进猪尿脬的速度要比酒精渗透到水里的速度快得多，结果是猪尿脬涨大了。这种浓度较低的溶液通过薄膜向浓度较高的溶液移动的过程叫作渗透。正是渗透压让土壤里的水分上升到了树冠上的小树枝里。动物的消化主要是将食物大分子粉碎成小分子的过程。这些小分子在肠道中可以经扩散和渗透等物理过程被吸收。实际上，以这两个过程为基础，生物构造了一系列至关重要的精细结构。

　　有些矿物质在高浓度溶液中会与其他溶液接触，形成薄膜，这些薄膜能阻碍水和溶液中的其他物质通过。比如，把可溶性钙盐放进碱金属碳酸盐或磷酸盐的溶液中，钙盐表面会形成一层渗透膜。膜内溶解的物质会对有限的表面施压，致使渗透膜膨胀，膜内体积增大，这样就会有更多的水涌进渗透膜，使矿物结构发生改变。动植物生长的原理与之非常类似。

　　法国南特的斯蒂芬·勒杜克[2]博士为渗透生长现象的研究作出了杰出的贡献。渗透生长中的物质会从它所在的培养液中吸收营养，但和晶体生长不同的是，新物质的吸收不是用外加方式来实现的，而是通过套叠过程实现的。换句话说，是通过在原有物质的分子之间加入新分子来实现的。这样会慢慢形成比最初的矿物"晶核"重许多倍的物质，而培养液会减少相应的重量。生长中吸收的物质在被吸收的过程中经历了化学变化，这也和动植物生长过程中吸收的物质一样。渗透生长吸收了特定的某些矿物"食物"，拒绝了其他"食物"，随后还排泄出废物。

　　许多渗透生长物质会因为周围环境中最微小的刺激而在母液中四处游动，很多物质会进行与营养状况相关的周期性运动，还有些会通过出芽进行繁殖。在特定的条件下，某些衰退的个体会重获生命力，伤口也会像生

[1] 阿贝·诺雷指让 - 安东尼奥·诺雷（Jean-Antoine Nollet，1700—1770），法国牧师、物理学家，是巴黎大学第一位实验物理学教授，主要研究集中在电学和渗透膜等方面。
[2] 斯蒂芬·勒杜克（Stéphane Leduc，1853—1939），法国生物学家，对生命的化学和物理机理研究作出了杰出贡献，是合成生物学领域的先驱者，特别在对扩散和渗透现象的研究方面有独到的见解。

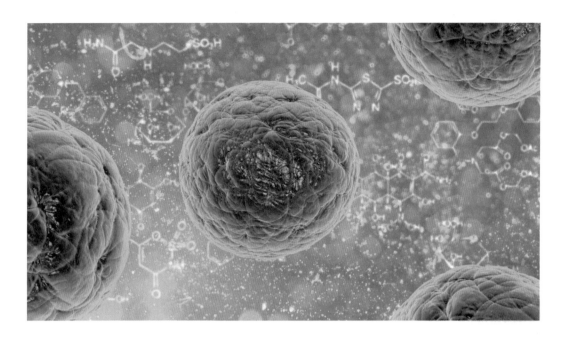

物组织一样愈合。随着时间的推移，渗透生长的渗透膜会变厚，生长减慢，最终由于膜内外的渗透压平衡停止生长。就像孩子的细胞年轻充满活力一样，渗透生长初期渗透压高，长出的细胞丰满，形状优美；而随着年岁渐长，人的细胞变得干瘪衰老；最终将面临死亡，躯体和结构终将不复存在。

　　现在，我们回到最初的假设中，即我们所知的生命只是一种过程，那么很显然，生物与无机物之间的界线并不像绝大部分人认为的那么清晰。渗透生长现象成功地模拟了营养、生长、形式、结构和感觉等维持生命所必需的现象。它已经非常接近这两个世界的分界线。此外，尽管我们还不能人工制造原生质❶——所有生物发源的土壤，但在实验室里已经可以制造包括尿素在内的许多有机物，完全不需要任何动植物的辅助。这些

❶ 细胞想象图。细胞膜就是一种渗透膜，能够实现内外物质的交换

---

❶ 原生质（protoplasm）是本书中极其重要的一个概念。它是细胞内生命物质的总称，主要成分是蛋白质、核酸、脂质。原生质分化产生细胞膜、细胞质和细胞核，而细胞壁则不属于原生质。换句话说，一个动物细胞就是原生质，植物细胞则不全是。需要强调的是，在本书中，这个词很多情况下指的是"生命的物质基础"或"生命的原始物质"，这两个概念分别来自 19 世纪的生物学家赫胥黎和浦肯野。

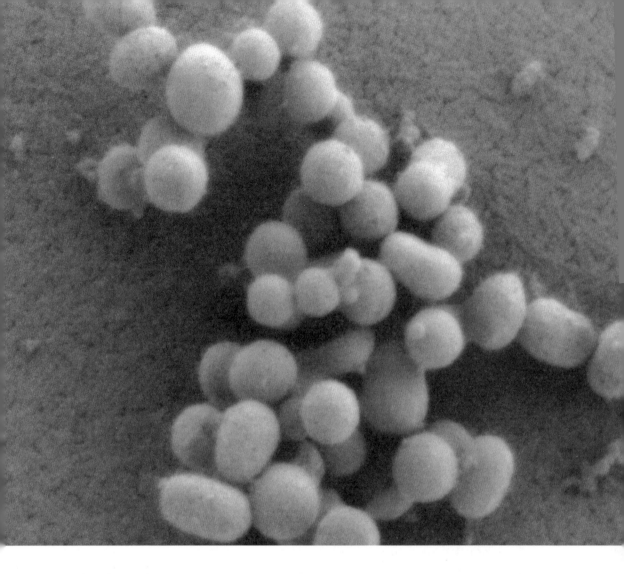

现象和许多类似的事实表明，生物与无机物之间并无天壤之别，它们在本质上源出同门。

因此，勒杜克博士和其他科学家再次提出了无生源说的问题。尽管矿物渗透生长中不包括蛋白质，而且还无法和生物的化学复杂程度相提并论，但它确实让无机物在形式和结构上都达到了动植物标志性的复杂程度。它们通过渗透压和扩散物理作用，完成了和生物同样的过程。现代化学家和生物学家还无法制造生物，但他们已经在矿物世界里成功复制出许多生物生长过程和结构，包括某些在不久之前还被认为是生物特有的物质。回溯生命诞生的远古时代，大自然完全可能在它的实验室里重复相同的实验，只不过它走得更远，更进一步创造出

人造生命，一种很小的支原体细菌。2010 年 5 月 20 日，美国生物学家克雷格·文特尔研究所宣布世界首例人工生命诞生，并将其命名为"辛西娅"

了生物。这样的过程现在也完全可能在深海中存在。没有人了解远古时代到现在大洋深处的情况。合成生物学家还没能发现生命的配方，但它在生命诞生时必定存在，现在也依旧可能存在。

关于生命有一种新概念，认为元素、化合物、矿物、岩石、植物、动物可能都是某个巨大生物体的一部分。当代研究正慢慢为这种信念奠定基础：物质从最简单的形式到最复杂的形式，其进化的过程是连续的。植物王国和动物王国之间模糊的界线正在融合，没人会拿奶牛做卷心菜沙拉，或是用卷心菜挤牛奶。因为奶牛和卷心菜具有明显的界线，没人会混淆它们。但有些单细胞生物同时结合了动物和植物的特征，植物学家和动物学家都把它们归入自己的研究范畴。生物与无机物的世界在逐渐融合，生死之间的沟壑曾是妨碍科学泛神论形成完美教义的最后障碍，而它正在消失。人类和石头并不相像，但人类维持生命所需的过程却和矿物的渗透生长过程几乎一模一样，这种相似性意味着生死之门或许可以通往其中任何一个世界。

第三章
生命的起源

海底的"黑烟囱"。"黑烟囱"是指海底富含硫化物的高温热液活动区，因热液喷出时形似黑烟而得名。科学家认为，地球生命很可能最先出现于这些区域

没人知道生命最初是如何诞生的，又是在何时何地诞生的。由于无法确认生命是从无机物的混沌中破茧而出的，我们对 35 亿年前那天日落之后、第一个生命诞生之时的一切，很可能永远无从知晓。最初，无论是植物还是动物，也可能只是几块原生质，它们被埋葬在海底的泥土里，不太可能留下任何可以察觉的痕迹。即便真的留下了记录，在受苦受难的地球上，35 亿

年的混乱也足以毁灭它们那些卑微的墓志铭了。

我们并不了解生命史的最初阶段，就像不了解地球进化史的最初阶段一样。爱默生曾说："自然界的一切都在书写自己的历史。"这句话说得没错，但时间洪流会摧毁许多记录。地球在宇宙中的历史最初用火焰写在原始的夜空中，直到多年以后，当它成为太阳系中的一个独立存在，有了自己的大气层和海洋，它才开始书写人们可以阅读的、确定无疑的历史。地球已经存在约 46 亿年，但它写在岩石上准确可查的历史大约有 35 亿年。[1] 生物最初的记录写在水里，但直到它们长到能被人类肉眼和显微镜观察到的尺寸，直到它们进化出能够抗拒腐蚀的骨骼，能随着坟墓的石化变成化石，它们才留下可靠的记录。生物在时光中的大游行是以一种我们永远

◉ 原始地球想象图。科学家认为，来源于天外彗星的有机物质也是地球生命起源的一种可能

◉ 三叶虫化石。三叶虫生活在寒武纪。化石几乎是目前科学家获取生命起源记录的唯一方式

❶ 原书为"5 亿年"，目前，在澳大利亚距今约 35 亿年前的叠层岩中发现的一些碳质有机物被认为是最早的细胞残留。因此，此处修订为"35 亿年"。——译者注

无法理解的方式开始的。那个年代我们可能永远无法了解，就像它结束的方式没人能够预见一样，生物游行结束的日子将永远消逝在过去黑暗的地平线下。

地表上裸露的最古老的岩石讲述着关于变化的故事，它们记录的事件发生在大气层和海洋形成之后，相对平静的时代建立之前。最广为人知的记录来自苏必利尔湖周围，人们大量研究了那里在这个早期时代形成的岩石。这段时期被称作"太古宙"❶，事实也和它的名字一样悠远漫长，几乎占了有史以来全部时间的三分之一。我们对它几乎一无所知，一个原因是那段时期的各种混乱让历史记录变得复杂模糊，另一个原因则是后来的时光依旧混乱，模糊并消除了更多的记录。

年轻的地球内部发生了频繁的缩张和动乱。大量灰烬和熔岩从地表裂缝和火山口喷发到地表。花岗岩像溃疡一般，在地壳上杀出一条血路。地面上偶尔也会有短暂的间歇期，平静的波涛会轻轻拍打宁静的海岸线。不过在绝大部分时间里，在地球的绝大部分地区，地下世界里的魔鬼们不断地把地狱搬上地球表面。但就在这段时期里的某个时候，没人知道具体是哪一天，纷扰的世界突然盛日降临，大自然所有不安分的能量终于知天顺命，物理世界里盲目的奋斗终于有了意义。有什么东西在太古宙的废墟里骚动不安——第一个造物终于诞生。

尽管我们对生命的原始形态不尽了解，但想象力并不会受事实束缚。最初的生物不太可能像现存的任何动植物。构成地球骨肉的是岩浆，而形成所有生物身体基础的则是原生质，二者在化学和动力学方面存在着巨大区别。生命在获得可以与现存的任何生物媲美的身体形态以前，很可能经历过前细胞化学阶段❷，这更增加了它的复杂性。但这一点没人了解。幸而这个问题基本上只是学术性的，无关紧要。

我们有理由相信，最早的生物更像是植物，而不是动物，但在这里我们也遇到了如何明确区分两大王国界线的问题。现存的许多生物都结合了

---

❶ 一般指 40 亿年前至 25 亿年前原核生物出现的时间。

❷ 前细胞化学阶段，即前细胞结构的生物，指具有生命特征的非细胞结构的有机体，它们没有生物膜和细胞器。

动物和植物一些最典型的特征。通常而言，植物有叶绿素，动物没有，但有些植物也缺少叶绿素，如蘑菇和毒蕈；而有些动物却有叶绿素，如某些原生动物、无脊椎动物和水螅类等。不是所有的植物都扎根大地，也不是所有的动物都能自由行走。有些植物像猫儿一样敏捷，也有一些动物如卷心菜一般迟钝。大部分植物能从周围的空气、土壤和水中获取气体和液体养分，并以此维生，但也有些植物像最嗜血的动物一般残暴无情。大部分动物以植物为生，因为它们缺了某些只在植物体内存在的物质就活不下去，但也有少数动物摆脱了这种限制，它们显然天赋异禀。最早的生物和植物一样，直接从周围的无机环境里获取营养物质。因为它们没有别的可吃的，除非自相残杀，但要是它们当时选择了自相残杀，现在我们就不用在这里讨论这些问题了。

太古宙想象图。太古宙是最古老的地质年代，指40亿年前到25亿年前原核生物出现的历史时期，是生命出现及生物演化的初级阶段。该时期形成的地层被称为"太古宙"

　　最早的生物很可能以亚细胞或单细胞形式生存了数百万年，吃的是泥土，喝的是原始海洋里的海水。因为它们必须生活在海洋或是大湖里，只有这些地方才能始终保持足够的湿度，保护它们娇小的身躯不被地面上的强风烈日吹干、烤干，保证羸弱的生命不会瞬间被扼杀。

　　最终，生命必定进化到了和现在的细菌近似的复杂程度。除了一些滤过性病毒，细菌是已知生物中最小、最简单的一类，它们把生存标准降得极低。人类无法用肉眼看到任何细菌，所有细菌都是靠一个变成两个的简单分裂方式来繁殖的，但只有在它们获得充足的食物、长到一定大小才会繁殖。它们在其他

任何生物生存的地方都能生存：水中、陆地上、空气中的尘埃里，甚至在某些从未发现过的地方，比如，在地下几百米深处的石油层中。有些细菌生存离不开氧气，有些则只能在缺乏氧气的条件下生存，还有些会以铁、硫和其他物质为食。

如果细菌确实是早期生命形态的遗留产物，那我们就很难理解，为什么在时间洪流从它们身边滚过了几十亿年，亲属都进化得更高之后，它们还依旧保持着原始形态？命运变幻或口味怪癖是无法解释的，细菌看过那些比它们更强大、更睿智的物种的崛起，也看过那些物种的覆灭。或许，它们由此甘心保持简单状态——即便一无所获，至少获得了长存。

我们从未在最古老的岩石里发现过确定无疑的细菌化石，之所以推断它们在太古宙已经存在，是由于当时存在着大量的石灰石、花岗岩和铁矿石。有些人认为，现存的某些细菌能从海水中吸收碳酸钙，再把它们以石灰石的形态在海底排泄出来。某些最早的石灰石可能也是通过类似的方式制造出来的。当然，许多石灰石还是在之后的年代里通过纯化学方式产生的。石灰

位于萨尔瓦多共和国的桑塔安娜火山遗迹。剧烈的火山活动对地球早期大气层的形成具有重要意义，同时也是生命得以形成的重要因素之一

石和煤一样，也是碳的一种存在形式，它不仅意味着细菌的存在，还意味着可供细菌活动的更高级植物的存在。铁矿石也是同样的情况，某些铁矿石也许同样是由嗜铁菌制造出来的。它们从海水中吸收铁元素，再以某种形式把铁沉淀到海底。

直到多年以后，元古宙❶的黎明期过完，生命才开始留下更多直接的存在证据。当时地球已经慢慢进入更为平静的状态，火山咆哮不再那么频繁，河流安静地将水送进海洋。当然，在加拿大古老的土地上还游走着巨大的冰川，海底的无数熔岩流仍然将全世界储藏最丰富的铜矿送往密歇根州北部，但总体而言，元古宙的世界平静安宁，对生命亲切友好。

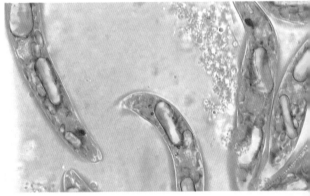

⬇ 眼虫。眼虫属生物的统称，又称裸藻或绿虫藻，是一种介于动物和植物之间的单细胞真核生物

生命正是从这时开始用大量化石记录自己的存在的。这些记录模糊不清，甚至有些还存疑，但某些元古宙遗迹的真实性不容置疑。在经历了数十亿年与疾风大浪的搏斗之后，生命面对前所未有的良机，取得了巨大的胜利：面对恶劣环境的打击，某种简单生物长出了石灰质的骨骼，有了脆弱的肌肉。在目前已知的化石记录里，最古老的化石是在与安大略省亚瑟港相距不远的陡岩湖的元古宙地层底部发现的。这些化石呈号角状，直径从几厘米到几十厘米不等。有些专家将它们归为海绵类，另一些专家则认为它们与元古宙后期的石灰藻有关。到元古宙末期，蒙大拿州的条件特别适宜石灰藻的生长，它们在内陆湖里长到巨大的尺寸，后来甚至耗尽了湖水，为落基

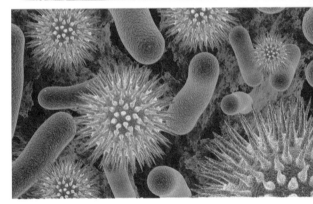

⬆ 细菌的世界

❶ 元古宙是距今 25 亿年至 5.45 亿年的时期，是一个重要的成矿期。

⊕ 珊瑚藻。珊瑚藻是人们最为熟知的一种形成岩石和陆地的藻类

山脉腾出了地盘。除了这些化石，还有很多蠕虫在远古海岸的泥土里留下了洞穴。也有些人表示发现了其他所谓的化石，包括甲壳类动物、原生动物和细菌等，但这些发现都经不起推敲。近年来，约翰·W.格鲁纳博士利用显微镜，对密歇根州发现的元古宙岩石进行了一些有趣的研究。他认为，它们是细菌和蓝绿藻的化石遗迹。但其他科学家并不承认这些化石的真实性，因为它们经历了太多变化，历史无法确定。这些化石可能确实是原始植物的遗骸，也可能是来自矿物世界的冒牌货。

对于从生命诞生到长得足够大、足够强壮、足以留下化石记录这一时期的情况，是一片空白，这也是人类地质史上最大的空白。生物在地球的历史上留下不可磨灭的痕迹之前，有超过三分之一的时间默默消逝了。最初的生物出现时已经是成熟的石灰藻和蠕虫，同现存的石灰藻和蠕虫区别不大。但我们只能猜测它们的历史，实际上，即便是从原始细菌开始推测，到石灰藻也有漫长的路要走。在从前者到后者的进化之中，必须出现叶绿素——植物中的绿色有机酸。除了原生质，叶绿素是自然界最奇妙、最神秘的物质。有了它，植物可以利用太阳能，用二氧化碳和水制造出淀粉，进而制造出蛋白质。只有植物体内有了淀粉和蛋白质，动物才能出现。动物需要淀粉和蛋白质，所以只能依靠植物过活，植物是营养的最终来源。元古宙泥土里的蠕虫吃植物，并把植物体内死亡的原生质转化成自己活的原生质。它们用蛋白质构造自己的身体，在这个过程里深入探索化学的复杂性。就连最伟大的化学家也无法重复它们的成就，他们甚至无法理解。

在难以计算的漫长时光里只出现了简单的海藻和蠕虫，这似乎不是什么值得炫耀的事，但若把有史以来的时间分成两半，这些生物便是生命在前一半历史里最辉煌的胜利，就像人类的存在是后一半历史里的辉煌一样。此时，它们还只不过是黑暗中的形体，但命中注定，它们将很快作为游行队伍的排头兵，走进更光明的时光之中，而且这支队伍终将遍布整个地球，取得一个又一个辉煌胜利。

🔻 蠕虫的化石。蠕虫是很早就存在的生物，生活在距今约 5.5 亿年前的寒武纪时期

第四章
最早的化石

　　莱伊尔 ❶和达尔文把地质记录看成粗心的历史学家用一种不断变化的方言写成的历史。这部史书我们只有一卷，这一卷只讲了地球一部分区域的历史，而其中更是只有寥寥几章被保存下来，每页只有几行字。地球的岩石记录就像它的居民一样稀里糊涂，一样受过严重伤害。

　　在过去的岁月里，大陆海拔反复升高又反复被侵蚀。数不胜数的百万吨级岩石碎片和数百万种生物都被埋进海沟深处，它们很可能永远被埋在那里，永远不会被人类发现。另外，地球上肯定生存过无数动物和植物，但命运甚至无法满足它们最卑微的不朽愿望——保留骨骼。很多过去的生物没有骨骼，只是一团容易腐烂的肉而已。当生命逝去时，腐败就降临了，时光不仅吞噬了它们的身体，也抹杀了它们曾存在过的记录。就算那

➡ 据研究，这可能是世界上最古老的化石，发现于澳大利亚，距今约 35 亿年

❶　莱伊尔指查尔斯·莱尔爵士（Sir Charles Lyell，1797—1875），英国地质学家，均变论的重要论述者。他最有名的作品是《地质学原理》，该书影响巨大，达尔文的进化论便是受到这本书的启发。

些身体长有抗腐蚀的坚硬部分的生物，也只有少数躲过了腐败对外壳、骨骼和原生质的侵蚀，更何况很多幸免于被腐蚀的生物后来在地球的翻滚中被摧毁了。

能留下过去的化石遗迹是极其罕见的偶然事件，这使生命之书里失落的书页远不如留下来的重要。每年我们都会发现新的化石，证明我们对现有的化石记录远没有研究透彻。

其中，最值得注意的一点可能是，尽管大自然里最简单的事物表面上看起来无比复杂，但科学已经大为进步，可以把地球历史这团乱麻理出一个头绪了。

尽管我们对太古宙和元古宙的了解支离破碎，但比起对随后时代的了解，已经算是极为丰富了。元古宙行将结束之时，整个地球上大陆的海拔都被抬升得很高。它们承受了后世漫长岁月的侵蚀磨损，一直屹立到今天。当时的动植物没有留下任何化石记录，所有不愿意被风吹雨打侵蚀的岩石都被河流冲进了海沟深处，一起被冲走的还有所有生物的外壳和骨头，当时，它们有些生活在陆地上的湖里或溪流中，还有些生活在海岸线上。它们是古往今来沉没到海洋里的宝藏中最有价值的一批。

于是，当一部分大陆被侵蚀到海拔足够低之后，浅海便悄悄潜入陆地，这些浅海和今天的哈得孙湾❶颇为相似，它们还带来一大批奇怪的生物。我们对海洋最初侵入的区域及它们开

❶ 哈得孙湾（Hudson Bay），位于加拿大东北部巴芬岛与拉布拉多半岛西侧的大型海湾，面积约 82 万平方千米，平均水深 100 米。

古生代的一种蕨类化石。早古生代的植物化石保存下来的极为稀少，那时的植物都缺少木质组织

始侵入的方式一无所知，但海水从北到南涌进了现在被落基山脉和阿巴拉契亚高地占据的地方，然后积满了北美的低洼地区。它们慢慢占据了一部分内陆盆地，所到之处蜂拥着各种生物，这些生物的外壳被埋在沙地和泥土里，后来这些沙土变干结块，形成了坚固的岩石。

这些沉积地层与它们下方的元古宙地层形成了鲜明对比。相对而言，它们的裂缝和扭曲更少，因为地球终于摆脱了早期的激烈动荡，并获得了平静。新地层中到处都有大量化石遗迹存在，这成了区分新旧岩石层的标志。事实上，随着海洋的入侵，一个新纪元——古生代❶——也开始了，在这个时代地球对生命很友好，而生命也在这个时代赢得了一些最重要的胜利。

实际上，在元古宙和古生代之间那个失落的黑暗年代里，生命已经获得了许多优势。在某处不知名的海洋里，海水用海藻和蠕虫贫瘠的身体变出了精妙的魔术。在那些未知的时代里——除了靠推测，那些时代很可能将永远保持未知——刚出现不久的简单生物已经培养出了许多新品种，其多样性几乎可

❶ 古生代是距今 5.45 亿～ 2.5 亿年的历史时期。

以与今天的海洋生物相比较。后来的时代留下的证据清楚表明，只有无法想象的漫长时光才能造就这样的多样性。它们是如何出现，又是通过什么方式完成的？目前依旧是进化史上的一个不解之谜。

植物化石在早古生代水域的沉积地层中十分罕见，这可能是由于很多原始植物结构十分简单，缺少木质组织，因此无法保存下来。但由于植物在所有动物生命中都不可或缺，所以当时必定曾有过大量植物，只有这样才能维持为数众多、种类丰富的动物的生存。当时，有些植物甚至可能已经到陆地上来探险了，而动物还只是满足于待在水里，毕竟植物才是生物大进军中的开路先锋。我们无法确定这一点，因为这段时期的大陆历史已经失落了。直到很久以后，才有植物在栖息地留下了明显的痕迹。历史最初的舞台都被动物强占了。

除了脊椎动物，其他所有类型的动物在早古生代的大海里已经存在。它们是为数众多却不起眼的种群（包括蠕虫、软体动物、甲壳动物和其他亲缘类型）的祖先。它们命中注定要在队尾走完大部分游行路程，并一直走到今天。鱼类、两栖类、爬行类、哺乳类（包括最终的人类）依次崛起，引领着这支游

⬇ 古生代的几种化石

行队伍一直向前，每一种都比前辈走得更远一些。现在，人类已经走得那么靠前，他们甚至只把那些低等兄弟看成海鲜大餐里的原料，根本不屑于假客气地对它们表示出一点儿友好，所以科学家说起它们时很难被大众理解。但在任何类人生物还没有诞生时，这些低等动物就已经是生命斗争中的老兵了。人类和之前的地球霸主们并无不同，他们身体的某些基本机能也拜低等动物所赐，他们的动脉里也流淌着低等动物的血液，而人类却轻易忘却了这些谦逊的先辈的辛劳。

尽管这些低等动物已经度过了黄金年代，但地球在相当长的一段时期内无疑曾是属于它们的。远古的海洋富饶温暖，它们蜂拥其间，直到海角天涯。它们沿着海岛海岸线的浅水航道在海陆之间漂流。在北美洲、南美洲，斯堪的纳维亚，俄罗斯的西伯利亚，中国、印度、澳大利亚，乃至格陵兰和南极洲的岩石里都发现了它们的遗迹。但它们之所以声名远播，并不是因为数量丰富或分布广泛，最值得纪念的其实是这样一个事实：早在遥远的年代之前，它们就已经解决了在地球上谋生的一些最基础也最困难的问题。

这些过去的生物只有少数几种留下了存在过的记录，但当时它们的多样性和复杂程度远远超出这些记录所显示的。在古老的海洋里，长有石灰质和玻璃纤维的纤细外壳的单细胞动物肯定也像今天的海洋里的动物一样种类丰富。但我们却很少找到它们的骨殖，这可能是因为它们体形太小了。海绵是最迟钝、最像植物的动物，但它们却在世界上赢得了安全又宁静的一隅，在之后的漫长日子里再也不用操心挪动身体。

⬇ 古生代的海星化石

珊瑚不在出现最早的生物之列，但它们在古生代过后不久就出现了，而它们的姐妹——水母则出现得早得多。由于地质史上一桩罕见的偶然事件，它们的记录一直保留至今。水母骨骼的99%都是水，但由于某种奇迹，它们中有些成员不仅逃过了饥饿的同代生物的攻击，而且被埋进泥土后还熬过了3个地质年代[1]里地球上所有的动荡不安。水母是少数几种身体缺乏坚硬部分却留下了化石记录的动物之一。

❶ 水母化石。水母身体几乎全是水分，却奇迹般地保留下了它们的化石

当时昆虫的种类也很丰富，但我们对它们的了解很少。因为它们除了足迹和洞穴，什么都没留下。棘皮动物是个兴旺的种群，现存的代表动物包括海胆和海星，它们当时刚刚开始发展起来。其中的一种——贝类，分布广泛，为数众多，如腕足动物或灯笼贝❷（得名的原因是有些后期的种类长得像罗马灯）。这些动物突然出现之后不久，就完善了身体上的两个器官，从而确保了后代子孙繁荣兴旺。和大部分无脊椎动物一样，灯笼贝的骨骼套在体外，而非长在体内，这和有脊椎鱼类、两栖类、爬行类、鸟类的骨骼相反。起初，它们靠身体肌肉的力量把骨骼的两半部分连在一起，后来进化出了接合部位，通过它把两半接合起来，这样，肌肉除了负责开合外壳，就不需要再做什么了。早期的磷酸盐外壳也被抛弃了，取而代之的是耐用得多的石灰质外壳。这些"发明"很快被进化中的所有灯笼贝采用，这个种族成了古生代海洋里的统治者，在与时间及更高级的生

❶ 指的是古生代、中生代和新生代。
❷ 我国一般叫海豆芽。——译者注

物的竞争中存活下来，一直活到今天。

種类繁多的软体动物当时也开始出现，有些动物表面看上去还颇像灯笼贝，而长得像蛤蜊或牡蛎的贝类还未出现，后来占据统治地位的类鹦鹉螺生物当时也很罕见。那时的蜗牛还背着小小的圆锥形外壳或简单的圈状外壳，为数也不多。它们的亲缘翼足螺（又称海蝴蝶）则长着简单的圆锥形外壳，从壳里伸出一个翼状肉瓣器官。靠着它，这种动物能在水里迅速移动。这无疑让那些更为安静、更热爱和平的同侪惊愕不已。翼足螺是当时为数最多也最成功的软体动物，但它们的黄金时代早已过去。和诸多生物一样，它们的过去远比未来更加灿烂。

如果和之前存在过的简单生物做比较，那么这些动物中有很多都足够优秀；但要和当时的一个巨大种群——早期甲壳类动物做比较的话，很多动物就不值一提了。那些甲壳类动物与现存的虾和龙虾有着遥远的亲缘关系，它们是那个时代里的生物学奇迹。在整个早古生代，它们都是地球上最迅速、最强壮、最敏锐、最万能的居民。其中，占统治地位的一类软体动物身体被分成3节，因此叫作三叶虫。

⬆ 灯笼贝。灯笼贝是世界上已发现生物中，历史最长的腕足类海洋生物

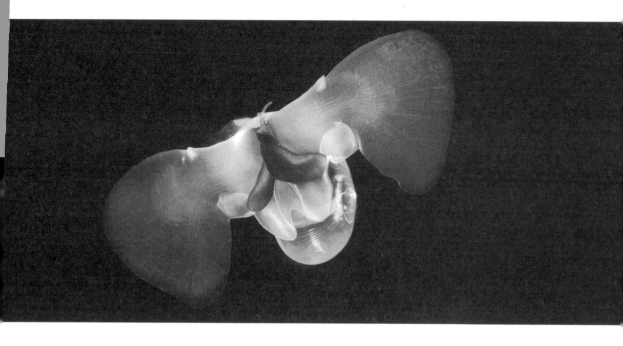

　　三叶虫在古老的古生代岩石中种类丰富。这引起了早期博物学家的注意，他们就这种动物的样子展开了广泛的猜测。有一个博物学家说它们是甲虫的翅膀，另一个说是毛虫，第三个则跳出来说这些是蝴蝶化石。三叶虫以亡者特有的、令人羡慕的耐心默默忍受学者们对它们的误解，直到瑞典植物学家林耐❶准确说明了它们与现存的甲壳类动物之间的亲缘关系。

　　和虾或螃蟹比起来，三叶虫是一种简单的甲壳类动物。但要和蠕虫、软体动物或当时的其他无脊椎动物做比较，三叶虫则是一种高级复杂的动物。有些早期的三叶虫还很原始，长着分成多节的身体、小脑袋和尾巴，说明它们的祖先和蠕虫很相像。人们相信，这些蠕虫祖先的后代还包括后世巨大的海蝎子和与之有亲缘关系的鲎（hòu），后者现在还在许多海滩上徘徊。因此，尽管三叶虫只在进化学家、鸟类和拿着钓鱼竿的男孩子

❶ 翼足螺。长着一对透明的翅膀，身覆纤细透明的壳，因其展开时极似蝴蝶，又叫作海蝴蝶

---

❶　林耐指卡尔·冯·林耐（Carl von Linné，1707—1778），又译作林奈，瑞典博物学家，瑞典科学院创始人之一。他奠定了现代生物学命名法"双名法"的基础，是现代生物分类学和现代生态学之父。

中间有名气，但它们的确是生物史上最早的一块丰碑。有些进化学家坚信，昆虫、蜘蛛和人类都是从三叶虫进化而来的。如果时间能证明这种观点是正确的，那这些虫子最终将咸鱼翻身。

三叶虫的祖先完全是人们推测出来的，因为三叶虫在古生代最早的海洋里出现时便已经羽翼丰满，有些甚至在留下化石记录之前就已经达到了巅峰，之后便退化了。它们中绝大部分都擅长游泳，但也有些靠爬行来移动。退化的三叶虫藏身在泥土中，最终失去了眼睛。三叶虫身体分节，体表上裹着一层类似牛角和哺乳动物毛发的物质。绝大部分的三叶虫能像犰狳一样把身体蜷曲起来，把柔软的重要器官裹进背上的硬壳里。这种习惯让三叶虫在漫长的岁月里抵挡住了恶劣天气和天敌的攻击，也让一些个体在种族灭绝后还能生存在地球上。

尽管三叶虫只是一种小动物，但在整个早古生代，即寒武纪、奥陶纪和志留纪，它们在原始海洋生物里绝对占据着统治地位。大部分三叶虫长约七八厘米，但也发现过超过 30 厘米的三叶虫巨怪。它们在自己的时代里是统治性的肉食者和清道夫，在数不清的漫长岁月里曾是生物世界的主宰。遗憾的是，衰退和灭亡同样被写进了它们的命运当中。

在地球生物最早的一批种类丰富的化石遗迹里，我们看到了许多证据，证明三叶虫通过追求安全的生活方式，已经获得了普遍的优势。即便是最低等的海绵也进化出了多种不同的身体形态来适应各种不同的环境，同时完善了一种简单却实用的腔肠系统，以此来获取食物，排出废物。它们尝试过有性繁殖和无性繁殖，尝试过群居生活和个体独立生活，还进化出了简单的神经系统和骨骼。

⬇ 三叶虫统治的海洋想象图

→ 三叶虫化石。角质层骨骼保护着三叶虫的身体，使其成为时代的宠儿

水母家族则长出了触须、嘴巴和消化腔来获取食物，还进化出了有效的刺细胞阵列，以避免成为其他生物的食物。有些虫子长出了分成多节的身体，一端有口，另一端是肛门。它们是第一种同时具有分化神经系统、消化和排泄废物的专属器官、心脏及类似高级动物的左右对称特征的动物，也是这些动物里最简单的一类。人体和虫子的躯干都可以沿长轴分成互为镜像的两部分；而低等动物则像轮子，长着轴心和辐条。灯笼贝综合了比它低级的生物的所有优点，还进化出了单独的雄性和雌性器官、专属的呼吸器官和更强壮的骨骼。蜗牛有独立的头部，头上长有眼睛和触角，还有用于运动的肉足和将内脏包裹保护起来的肉质覆盖物。

但三叶虫集中体现并超越了其他生物获得的所有优势。它们有分节的身体，有角质层骨骼保护身体，有复杂的肌肉系统来控制身体。它们有嘴巴、牙齿、喉咙、胃、消化腺、肠和肛门。由肌肉构成的心脏将血液泵入静脉、毛细血管和净化血液的鳃。它们还有简单的大脑、神经链、触觉和视觉器官，很可能也有了嗅觉和听觉器官，这些器官能够指导它们的活动。同时，它们也已经完整进化出了用于爬行和游泳的专属附属器官和用于有性繁殖的器官。

在地球生命史连续记录的最初阶段，大自然在三叶虫身上展示了无脊椎动物身体的完美形态。在这样的身体里，消化道位于神经系统之上，骨骼则覆盖在体外。这对于在静水中久坐的生物而言足够了，但对于生活在溪流里和陆地上的生机勃勃的动物而言，这样的身体显然太过弱小，不够使用。当原始鱼类的祖先第一次迫切想做更多的运动时，原先的无脊椎身体便彻底变革了。没有人知道大自然到底是如何交换了消化道和神经系统的位置，或者它到底是如何把骨骼从体外转移到体内的。但我们确实知道一点：当无脊椎动物还在享受早古生代海洋的温暖惬意时，它们中的进步分子就已经试验了一种全新的身体，以适应更严苛的环境的要求。即便在最初的地球霸主的鼎盛时代，它们的末日也在酝酿之中。

第五章
从三叶虫到无脊椎海洋动物

安全状况是如此捉摸不定。尽管从最早的生物开始，所有的生物都在努力追求着安全，却没有谁做到过。即使在三叶虫力量的巅峰期，也有天敌折磨着它们。有无数张嘴要吃饭，它们在直接对峙时不敢有所行动，但面对公共食品橱时就肆无忌惮了。大自然母亲生育了无数子女，却从不会为它们提供充足的食物。它让大部分孩子过得颇为艰难，勉强为继。大部分生物一辈子盼望的不过是吃掉别的生物，同时不要被别的生物吃掉。在生物变得足智多谋之前，杀戮是竞争胜利的主要手段。当时也和现在一样，生物不可能只靠自己活下来。那时弱小的生物也总有办法从形式简陋却十分重要的食物来源中获得养料，也有办法用要么不引起注意、要么导致味道不佳的形式储存它们。它们总能用这样或那样的方法活下来，单单这样就让强者的生活变得更艰难了。

我们无从知道比三叶虫弱小的那些同时代生物对它们的衰落作出了多大贡献。但我们确实知道，在奥陶纪——古生代的第二阶段，有一种软体动物进化成了三叶虫最强大、最危险的对手。实际上，它们在寒武纪时的海洋沉积里还不存在，随后却迅速崛起，取得了统治地位，在之后的许多个时代也没有放弃这一权力。如今，三叶虫已经绝迹多年，但这些软体动物仍然生存在地球上。这个积极进取的物种留下的唯一一种可敬的幸存者，便是南方海洋里凶残嗜血的鹦鹉螺。

最初，鹦鹉螺的祖先（它们也是乌贼和章鱼的远祖）生活在长长的圆锥形外壳里。随着时间的推移，它们的壳逐渐变弯，形成了螺旋状。但在

开始阶段，直壳类为数最多，也最强大。栖息在这些外壳里的动物具有高度组织化的身体结构。它们有独立的头部，头上有眼睛和触角。触角不仅用于进食，还用于爬行和游泳。所以，头部也承担了足部的作用。这种经济适用性至今在种类繁多的生物里依旧十分常见。由于这一特性，这些动物被称作头足纲动物。这个词在希腊语里指的就是它们最引人注目的特征——头脚并用。

头足纲动物诞生后不久，就长出了圆锥形的小外壳来保护柔软的躯体。随着生长，它们的外壳也不断延长，新长出的外壳与废弃的外壳之间还建起了"墙壁"。有些化石长达几十厘米，包括数十个小室。动物死亡时住在最外面的那个小室里。换句话说，这些动物不光背着自己的房子，还把住过的所有房子都背在背上。它们的外壳很薄，空的小室里装满有浮力的气体。它们中很多都非常擅长游泳。

早期的直壳头足纲动物不仅与三叶虫争夺食物，也吞噬了大量的三叶虫。它们到志留纪才达到力量的顶峰，当时三叶虫已经开始衰落。它们的出现很可能加快了三叶虫衰落的速度。

但是，一种伟大的生物不可能因为存在竞争者、天敌或外部影响就彻底灭绝。死亡最终是从内部导致的。三叶虫没能与时俱进，它们没能长出骨骼来保护虚弱的内部器官，也没有进化出进攻性武器。比如，后来它们的亲缘动物长出的钳子。当

（左）鹦鹉螺化石。鹦鹉螺被称为海中"活化石"，它与乌贼、章鱼拥有共同的远祖。目前已知的鹦鹉螺有 6 种

（右）鹦鹉螺。它们是头足纲动物，有高度组织化的身体结构。在后来的进化中，鹦鹉螺的壳逐渐变得弯曲

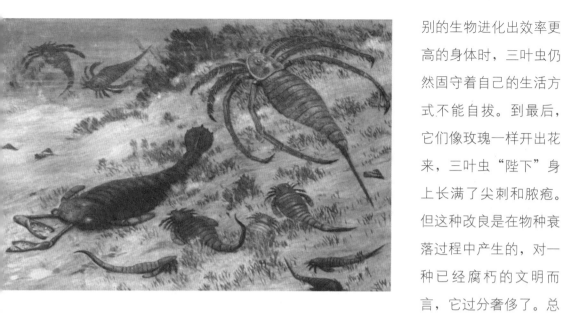

↑ 古代海洋中的"蝎子"。它们也曾经是庞然大物，怎么走上陆地就变得如此小巧了呢

别的生物进化出效率更高的身体时，三叶虫仍然固守着自己的生活方式不能自拔。到最后，它们像玫瑰一样开出花来，三叶虫"陛下"身上长满了尖刺和脓疱。但这种改良是在物种衰落过程中产生的，对一种已经腐朽的文明而言，它过分奢侈了。总之，三叶虫的末日即将到来。

生命在许多方面都无与伦比，但其中最独特的一点便是让生命永远向前的探索精神。在头足纲动物和三叶虫争夺海洋霸权时，志留纪的一块海滩上静静地诞生了一只蝎子。据我们所知，它是第一种呼吸空气的动物。随后不久，几种海绵状植物从海洋故乡里爬了出来，试着到陆地上生活。在所有尝试里，最重要的就是当时在大陆河流中生活的鱼类祖先所尝试的新身体。一进入海洋，这种身体立刻就发挥了作用。原始鱼类是最早的脊椎动物，它们扫荡了当时的整个世界。脊椎动物从此势不可当。

没人知道最早的鱼类是从哪里、以什么方式起源的。地球对此缄口不语。我们尚未发现它们祖先的任何踪迹。这是生命史上极富纪念意义的一章，但我们很可能永远找不到它们的化石记录。因为最早的脊椎动物很可能不仅体形微小，而且没有任何能保留下来的结构。

我们梳理了整个生物世界，寻找一种能说明脊椎动物原型的生物。现存最简单的脊椎动物之一是文昌鱼。这是一种懒惰的小型海洋生物，小半生都埋在温暖的沙滩里。尽管它们长着

简陋的脊椎，脊椎顶部有神经索，还长有许多鳃裂，但它们缺少真正的鱼类身上的许多装饰品。它们设法活了下来，但却没有四肢，没有头盖骨，没有下颚，没有脾脏，没有生殖管，也没有心脏、眼睛或大脑。由于种种缺陷，它们被叫作鱼类的预言——这个称呼充满希望，但却并无道理。因为它们的简单是退化而非原始造成的。它们唯一的希望就是不要再继续退化下去。

　　被囊动物（或者叫海鞘）的情况在某种程度上和文昌鱼类似，它们是小型的吸附或漂浮型的水生动物，种群庞大。背囊动物的胚胎尾部有进化完好的简陋脊椎，脊椎顶部有一条明显的神经索，但在成体中，脊椎和神经索都消失了。成体与脊椎动物的唯一联系就是精巧的鳃系统。穴居的囊舌虫也是这种情况，它们的鳃裂、脊椎残余和背部神经索都明显是退化的表现。这类动物很可能处在物种的第二个孩童期。它们的身体在某种程度上可能类似于原始的祖先，但对我们探明脊椎动物的起源毫无帮助。

❶ 古老的盾皮鱼想象图。这是一种早已灭绝的鱼类，生活于距今 4 亿—3 亿年前的志留纪和泥盆纪

❷ 文昌鱼。它们是介于无脊椎动物和脊椎动物之间的生物。它处于软体动物向脊椎动物过渡阶段

❸ 海鞘。它们形似壶状或囊状，为固着性动物，广泛分布于各海洋

⬆ 海百合

人类曾多次尝试在身体分节的无脊椎动物中寻找脊椎动物的祖先，但至今也没有成功。最简单的脊椎动物必须具备3个特征：鳃裂、脊椎、背部神经索，但目前还没有发现任何一种无脊椎动物具备其中任何一个特征。有些无脊椎动物腹部围绕着长神经索，很多理论抓住这一事实，把这些动物的头和脚倒过来。遗憾的是，这样它们的嘴就非得长到头顶上不可了。但持有这种理论的人是不会因为这样的小细节而放弃的，他们只会假定之前的嘴闭合了，在正确的地方又长出了一张新的嘴。其他理论不会这么把动物翻过来，而是假设这条神经索会围着肠子继续长下去，在它的下方再长出一个新的消化器官。这些理论之所以有趣，主要是因为它们说明了一点：所有人对脊椎动物的起源实际上都一无所知。

对早期鱼类起源最有价值的证据，或许是典型的现代鱼类在水中推动身体前进的方法。它们靠左右摆动前进，就像旗帜在微风里飘动一样。这一点很重要，因为海洋中的无脊椎动物没有一个是用完全相同的方式前进的。很多无脊椎动物根本不动，而是像植物一样扎根海底：它们中包括所有海绵和珊瑚的成体，以及海百合、已经绝种的海林檎和海蕾，还有很多软体动物。有些无脊椎动物可以慢慢移动，如海葵。水母能游泳，但游得很糟，会受风、潮汐和水流的限制。它们就像许多年后汤姆林森看见它们时一样：深邃透明的蓝色大海像沉没的月亮一样暗淡。甲壳类动物和它们的亲缘动物主要靠类似腿的附肢来游泳和爬行。乌贼能用嘴强力喷水，把自己向后冲。只有某些类似虫子的动物会用鱼类般的起伏动作游泳。但它们的游泳方式和鱼类不一样，而是和真实性成疑的大海蛇的方式类似：它们扭动的方式是上下摆动，而不是左右摆动。

无脊椎海洋动物是它们所处的海洋的造物。它们和大海一样，即便不是完全静止，至少也很懒惰。和其他生物一样，它们也是环境的产物。它们从来不需要高度进化的运动方式，而鱼类确实进化出了这样的运动方式。因此，很多权威理论认为，鱼类如此运动是对完全不同的环境所作出的反应。

溪流里的岩石如果缠上了漂浮物，那么漂浮物的游离端就会随着水流左右摇摆，这是阻力最小的表现，是在流水和重力的共同作用下唯一可能的折中结果。对于一端抓在岩石上的虫子来说，它们懒惰的身体也学会了同样的摇摆运动。张伯伦坚信，脊椎动物的祖先必定曾这样生活过。在充满活力的溪水里，这些祖先——不管它们是谁——受到刺激，进化出了把脊椎动物和低等亲戚区别开来的特征。

它们要想在溪流中改变位置，只要加强水对它们的推动作用就行了。没人知道大自然是如何让这些最早的先行者适应新环境和新的生活方式的。我们不知道它们怎么能够在任何时间、任何地点都找到一种方式，让它们的造物适应自己的生活。它们很可能经历过无数次失败，才制造出这样一种身体，足以完成在流水中生存的困难动作。这样的身体两侧必须进化出分节的肌肉，才可以通过这些复杂的肌肉发出收缩波。无脊椎动物身体松

快速流动的溪流是动物
进化的一种缘由吗？科
学家推测，无脊椎动物
游到了河口，迫于环境
的压力，在那里最早进
化出了脊椎，于是，早
期鱼类出现了

弛，必须设法变硬，才能支撑这些肌肉。理查德·斯旺·鲁尔 ❶ 提出，最早的支撑物可能是被水压缩从而变硬的膜，后来出现了轴向的支撑软骨，最终则出现了由小骨头联结而成的支柱，这种支柱既强壮又灵活。身体背部和侧面的皮肤褶皱则长成了用于保持平衡的鳍。但这一理论还无法解释鱼类最终获得的其他特征。

在元古宙后期，有些无脊椎动物漫游到河口和缓慢的溪流外，却发现自己游进了某种两难境地：到元古宙结束时，低地海拔升高了。溪水流得更快，把弱者冲回了海洋。无疑，它们的很多让自己适应新环境的努力都失败了。但鱼类的诞生证明，其中有些还是成功了。

很多鱼类在河流里完善了身体，之后又回到了大海，那里的生活更轻松。它们中有些进化出了纺锤形的身体，可以在水里迅速而轻松地游动。后来，有些海洋爬行动物也有了同样的身体形态。最后，海豚之类的哺乳动物也采用了这种形态。据我们所知，这样的身体是最适合水中生活的。当你看到一群海豚在船的尾波间优雅地掠过水面时，你会被它们的美丽所折服。

由于海洋的影响减小，很多早期鱼类退化了。在条件更艰苦的陆地水域，它们提高了心智，增强了体魄。而大海里缺乏这样的艰苦条件，它们便陷入了所有生物的天生倾向——退化。不过，尽管有些回归大海的鱼类出现了退化现象，鱼类这个物种整体却能更轻松地掌握自己的生活。后来出现的海洋爬行动物和海洋哺乳动物也是如此，它们都是陆地环境的产物。重要的是，这些动物都没能孕育出更高级的形态。尽管荣耀满身，但它们终究只是幕后角色，只有在大陆上，在更凶猛的斗争中，才能取得进步。

鱼类终于丰富起来时，地球也为它们做好了准备。无脊椎动物已经度过了巅峰时代，但它们的成就绝非无足轻重。它们的身体对自己的生活环境而言足够了，石灰质骨架增强了这些身体，让它们能更好地应对世界动

---

❶ 理查德·斯旺·鲁尔（Richard Swann Lull，1867—1957），美国古生物学家，主要研究进化理论。

荡。它们孕育出了头足纲动物和三叶虫这样具有高度组织的动物。但对于无脊椎动物，我们能说的差不多也就是这么多。除了昆虫在晚古生代崛起是个例外，其他的无脊椎动物的进化之路本质上都在早古生代停滞不前。它们的后代现在依旧在海洋

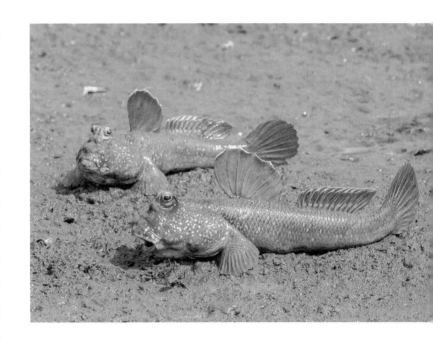

中生存，形态和结构细节已然迥异，进化程度并不比祖先们更高。它们代表了大自然保守的一面。另外，第一种鱼类充满了生命的动力，代表着大自然的进步一面。它们在懒惰者的世界里几乎是特立独行。但它们仅仅是开启更伟大日子的先驱者，在被遗忘之前还有漫长的时光要经历。而它们死前还将给后代留下一件无价之宝——脊椎。如果没有脊椎，无论两栖动物、爬行动物、鸟类、哺乳动物，还是人类，都将永远不会出现。

⬆ 弹涂鱼，又称跳跳鱼。它们是最终没能登上陆地的失败者吗

第六章
从水生脊椎动物到陆生爬行动物

100 多年前的一天，一位化石挖掘者在科罗拉多州坎宁城附近用锤子敲碎了一块石头。这块石头曾是奥陶纪海洋的沉积泥沙，早已硬化，在落基山脉的形成过程中被挤出了地面。它被锤子敲碎时，突然露出了一片贝壳。之前从奥陶纪的海洋沉积地层里曾挖出过不计其数的贝壳，但它不一样，它很显然是某种类似鱼类的生物的甲骨，是一种脊椎动物的存在证据。此前从未在这么古老的岩石中发现过比甲壳动物更高级的动物。这位挖掘者继续努力，又发现了更多的同类碎片。这些碎片至

🔾 沉积了大量贝类化石的岩层

今仍是可靠的脊椎动物遗迹
中最古老的化石。

这些化石，以及后来
在怀俄明州和南达科他州的
同时代地层中发现的类似化
石，一起揭开了一群奇怪鱼
类的故事。在奥陶纪之后的
志留纪的岩层里，还发现了
保存更好的遗迹。如果继续
讲述这个故事，泥盆纪的标
本则标志着故事的高潮和黯
然收场。这是一个关于失败
的故事，一群鱼向着错误的
进化方向，游进了淤塞的永
无之乡。尽管从许多地点找到了大量遗迹，但对于这些我们所
知的最古老的脊椎动物的来龙去脉，依旧疑云重重。它们从未
暴露自己与鱼类祖先的关系，或是与那些更为成功的同胞之间
的关系，后者想方设法一直游到了今天。

● 奥陶纪的海洋世
界想象图

这样，甲胄鱼——又叫作"硬壳鱼"——就因其孤立和神
秘赢得了一丝尚不确定的荣耀。它们身体的一部分包裹在骨骼
外壳里，这种方式在当时非常流行。被包住的是它们的头部和
胸部，后肢像鱼一样无拘无束地伸出来。这种新旧创意的奇怪
组合，意味着无脊椎的身体和有脊椎的身体之间的相互妥协，
但却带有欺骗性。现在，我们对这种奇怪的生物已经知之甚多。
比起无脊椎动物，它们更接近脊椎动物。实际上，它们已经被
我们列入脊椎动物的行列，但是它们依旧没有进入鱼类进化的
主流。它们中的绝大多数都在泥里懒洋洋地趴着，身体并不是
从无脊椎的祖先那里继承而来的，而更可能是来自长有甲胄、
迅捷灵活、类似鱼类的祖先。这些祖先的身体缺少能保留下来

的坚硬部分，它们把甲胄传给了甲胄鱼。作为企图逃避无法摆脱的命运的最后一件无用的武器，就像之前那么多失败的动物一样。最早的甲胄鱼化石都支离破碎，出土之处又都是沉积地貌，两者结合起来，说明这些动物当时生活在河里。大自然与人类的理论常常背道而驰，有时是把我们想要的信息藏起来，有时则只给些自相矛盾的零碎信息。在甲胄鱼的问题上，它两者都做到了。科学家无法把这些鱼类纳入脊椎动物进化的主流，但从它们的栖息地和化石遗迹来看，大自然又必须通过某种方式把它们和主流联系起来。我们相信，外部的硬壳只不过是过去时代的残留，而初步形成的脊椎，则昭示着它们发展的方向。只不过，它们最终失败了，并退出了历史的舞台。当时的环境刺激着甲胄鱼的亲缘动物取得了许多重要的进步，而它们却没能设法取得同样的进步。这真是古生物记录里一处令人迷惑的矛盾。

在志留纪和泥盆纪的海洋里漫游的另一种鱼是节颈鱼——脖子有节的鱼。它们同样被鱼类的主流进化方向所忽略了。和

⊙ 泥盆纪化石遗存

甲胄鱼一样，它们也在进化的道路上徘徊。如果把能否生存下去作为是否优秀的判断标准，它们显然是个错误。但在它们身上没有任何类似甲胄鱼的明显退化迹象。相反，它们在自己的时代里是最强大的动物。在某种意义上，这也是最有趣的。

⬆ 甲胄鱼化石。它们生活于距今5亿—4亿年前的古生代，是最古老的脊椎动物之一

没人知道节颈鱼是从哪里出现的，也没人知道为什么到了泥盆纪结束时，它们突然就消失了。解剖学家还在争论它们到底应该和甲胄鱼、鲨鱼，还是肺鱼归在同一类。它们长着可以活动的脖子，这一点让它们引以为傲，因为任何时代的任何其他鱼类都做不到。在被死亡的黑暗之水吞没以前，它们长出了被甲胄包裹的巨大身体，长度超过 6 米，下巴长满了善于撕肉的利齿，用来对付同伴。它们在所有方面都完美适应了海洋生活，俨然藐视众生、唯我独尊，但它们就在这时灭绝了。节颈鱼是最早反映出命运的讽刺性的范例之一，至今依旧是最好的一个范例。

在这些古老的海洋里的鲨鱼是现存鲨鱼的祖先。它们中绝大部分很原始，一些在背部和腹部长着许多匕首状的刺；另一

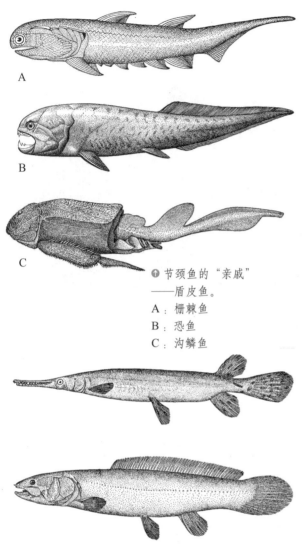

↑ 节颈鱼的"亲戚"
——盾皮鱼。
A：栅棘鱼
B：恐鱼
C：沟鳞鱼

↑ 目前尚存的两种硬鳞鱼：鳞骨针和弓鳍鱼

↑ 古鲨鱼化石

些的皮肤则像小羊皮手套一样平滑。除了比现代的鲨鱼简单得多，并无更多区别。和其他很多靠鳍运动的掠食者一样，鲨鱼的起源也不为人知。它们后来在古生代海洋里的数目非常多，种类也变得十分丰富，并且挨过了漫长岁月的种种苦难，一直活到今天。

鲨鱼种族在雄性雄风犹存之时孕育出了硬鳞鱼。硬鳞鱼浑身包满鳞片，并进化出了许多种类，后来更孕育出了真正的有骨鱼类，为现代贸易和体育运动作出了巨大贡献。但它们的原型却不肯轻易说再见，尽管濒临绝种命运，但它们依旧紧紧抓住生命不放。目前在欧亚大陆和北美洲尚存有雀鳝和鲟鱼，在非洲也存活着两种原始鱼类。但它们的日子也屈指可数了。

在所有原始鱼类里，最重要的是原始的叶翅硬鳞鱼和它们的近亲——肺鱼。它们和原始的鲨鱼源自同一个祖先，骨骼则主要是软骨。叶翅硬鳞鱼坚硬的鱼鳍很容易让人想起高等陆生脊椎动物的四肢。早期的肺鱼和它们现存的后代一样，身体里有鱼鳔，在水源枯竭时可以代替鳃，起到简单的肺的作用。这些最低等的绝种鱼类身体里的优点，即将传给其他种族，并征服一个新世界。

从动物首次长出脊椎开始，海洋显然就无法留住这些不安分的孩子了。大陆此前一直是风和雨的游乐场，但它如今即将成为动物和植物奋斗的主舞台。其中的领导者开拓了通往新国度的第一条道路。但在海岸线以上，在干燥的岩石之间，它们面临着严峻的考验：在能做到快速运动或长途跋涉之前，它们必须先发明新的呼吸器官和运动器官。没有人知道那些鱼类探险家的真实模样，我们只知道它们最初肯定长有叶翅硬鳞鱼的简单四肢和肺鱼的原始肺。也许有朝一日，某位化石挖掘者会发现这些鱼类的祖先，很可能证明它们也是第一批四足陆地动物的祖先。

如今，生活在澳大利亚、非洲和南美洲的肺鱼，重新书写了最早的陆地脊椎动物的奋斗史。在水中家园因旱灾而干涸时，它们用泥巴做成了茧，在茧上留出小洞，从洞里把空气吞进原始的肺部。靠这种方式，它们在不吃不喝的情况下能活 8 个月。当水回到它们生活的河口和沼泽，它们就爬出溶解了的烂泥屋，重新用鳃呼吸，在所有方面都继续过着一条鱼的普通日子。

陆生脊椎动物的祖先很可能同样长着原始的肺，但它们当时肯定还长出了强壮的鳍。当水干涸时，它们的鳍可以当作四肢使用。它们没有缩在"茧"里消极抵抗，而是划着水越过了

🔻 肺鱼。它们曾在古代地球上大量繁殖，现在仍有少数品种遗留下来。肺鱼平时用鳃呼吸，在水枯竭时可以用鳔当作肺呼吸

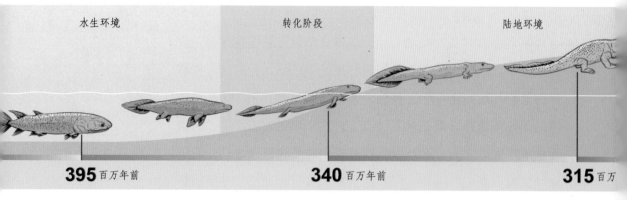

水生环境 转化阶段 陆地环境

395 百万年前 **340** 百万年前 **315** 百万

○ 鱼类从水中走向 陆地进化示意

浅滩，寻找着更清洁、更深的水域，那里生活会更轻松。其中
有些动物不可避免地走向了高地。如果我们认为是冒险精神驱
使它们离开水面的，那就太拟人化了。干旱会周期性地到来，
导致它们面临着窒息而亡的威胁。周围的水太浅了，无法让它
们继续漂浮，也无法阻挡从那些弱小同伴的腐尸上散发出来的
臭气，它们若不能振作就要灭亡。生物的所有进步都是这种迫
切需要所驱使的结果。

在原始的肺和四肢被改造到能胜任陆地生活之前，可能已
经过去了数百万年，同时也湮灭了数以百万计的生物。到底有
多少岁月和多少种鱼投入了第一种两栖动物的制造中，我们永
远无法知晓。我们知道的是，大约在志留纪晚期，在叶翅硬鳞
鱼和肺鱼未被发现的祖先身上，肯定已经具有两栖动物的潜在
基因。我们知道，它们生活在周期性干旱的压力之下，这种刺
激足以鼓励它们离开水面。我们也知道，在泥盆纪结束之后不
久，就已经存在真正的陆生脊椎动物，它们在此之前可能已经
存在了。我们甚至曾经认为，它们中的一个在泥盆纪沼泽的淤
泥里留下过一个脚印。这个脚印无视后来地球变动造成的一切
威胁，最终安静地躺进了耶鲁大学的博物馆。但是，仔细研究
后发现，留下这个脚印的并非沼泽，而是典型的海相沉积。沉
积中还留下了生活在距离海岸十分遥远的地方的海洋贝类的遗
迹。两栖动物不可能把脚踩到这种地方。尽管这块化石在耶鲁

大学备受推崇，也被不少教科书提及，但它可能是无机世界施加的骗术。它的名气正是斯蒂芬森[1]所谓"标准化的错误"的绝好例子。正如名字所示，两栖动物过着双重生活。它们在水中产卵，用鱼类的生活方式度过年少时光。然后，它们中大多数在成熟期到来时爬出水面，长出适合陆地生活的腿和肺。从一开始，它们就对水中和陆地上的生活做了折中，从未彻底投身于其中任何一种环境。虽然它们为后来者开辟了道路，但自己却从未达到本应达到的卓越程度。几百万年过去了，它们还是没能下定决心，依旧在两个"爱人"之间徘徊不定。

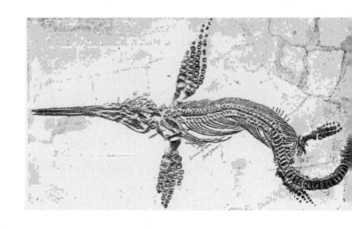

[1] 鱼龙化石。鱼龙是一种海栖爬行动物，最早出现于距今 2.5 亿年前

　　早期两栖类动物的辉煌并没有反映在微不足道的蝾螈、青蛙和火蜥蜴身上，它们至今还延续着双重生活的传统。它们的先驱——坚头类两栖动物——很可能是在地球地质年代前四分之三的时间里迸发出的最精美的进化火花。它们占据了晚古生代的沼泽和森林，是新领域里不容置疑的霸主。它们中的大多数表面看起来像蜥蜴，只是整个头都包着硬骨，只在鼻孔和眼睛处开口。和其他大多数四足动物不一样的是，坚头类两栖动物长着 3 只眼睛。它们的第三只眼和波吕斐摩斯[2]的独眼一样，生在额头正中央。虽然这只眼睛对它扩张视野很可能作用不大，但它却经由不计其数的生物代代相传，一直传到今天，并极大

---

[1]　斯蒂芬森指弗拉基米尔·斯蒂芬森（Vilhjalmur Stefansson，1879—1962），加拿大北极探险家、民族学家。曾多年在加拿大西北地区进行人种史和动物学研究。《标准化的错误》（*The Standardization of Error*）是他在 1927 年出版的一本著作。

[2]　波吕斐摩斯（Polyphemus），希腊神话中吃人的独眼巨人，海神波塞冬和海仙女托俄萨之子，独眼生在额头中央。实际上，坚头类两栖动物的 3 只眼造型应该更类似二郎神杨戬。——译者注

恐龙蛋化石

地拓宽了进化论者的视野。第三只眼在新西兰一种现代蜥蜴的身上完整地保存了下来，而退化的第三只眼更是埋藏在现存的所有脊椎动物的大脑里，也包括人类。

除头部外，坚头类两栖动物身体的其他部分也或多或少被盔甲和鳞片保护着。它们中有些长得过于肥胖，只能费力地把肚子拖在地上行走。另一些外表则长得像蛇，擅长奔跑和游泳。还有一种看起来像一只吃得太多的蝌蚪。几乎所有的坚头类两栖动物都长着又扁又宽的头部和令人难以置信的阔口，阔口在头骨允许的范围内，尽量长得很大。它们肯定能冲着自己的耳朵窃窃私语。其中，大多数都比身体缺乏保护的小动物个头更大，武装得更强，但后者却比它们活得更长久。有些坚头类两栖动物的长度甚至超过了 150 厘米。但是，古来材大难为用，它们中的大部分在中生代开始迈向黎明时，就退出了历史舞台。

但在谢幕之前，它们仍然给后世留下了比它们的遗骨更重要的东西。在早期两栖类动物从水里获得解放的斗争中诞生了爬行动物。它们现存的代表包括蜥蜴、蛇、龟、短吻鳄和鳄鱼等。在其他所有脊椎动物中，与它们的外表最接近的还是两栖动物。在最初的时候，它们和两栖动物是如此相似，甚至有时连专家都无法区分。

在古生代的大部分时间里，两栖动物都明显表现出鱼类的特征，就像之后的大多数时候一样。它们都长着黏糊糊的皮肤，只有湿润时才健康。和鱼类一样，雌性两栖动物也会在水中产很多卵，之后这些卵由雄性受精，再孵化成幼体。幼体用鳃呼吸，在水里生活，而它们的父母在水里很快就会被淹死。为了从水中解放出来，两栖动物必须产出更大的卵，这样才能存储足够的营养物质，以保证在孵化前能养育幼体更长时间。只有通过这种方式才能摆脱水中生活，使幼体从出生起就能呼吸空气。

那些孕育出爬行动物的两栖动物解决了这个问题。它们的

⬇ 恐龙统治的世界
想象图

卵不仅更大，外部还包裹着硬壳，保护它们不被陆地上的空气风干。同样的原因，受精过程是在雌性湿润的体内进行的，精子细胞在这里能一直活到完成使命。早期爬行动物建立了体内受精的习惯，这个习惯从此成了高等脊椎动物与低等脊椎动物的分界线。在遥远的古生代大陆上，第一个经历了风雨考验的爬行动物的卵子里孕育着希望。它意味着在新环境里决定性的胜利。

一旦从水中解放出来，爬行动物便能够随心所欲地探索世界。随着时间的推移，它们进化出了独特的结构，让以后所有的爬行动物都能很容易地与两栖动物区别开来。甚至在古生代结束之前，其中一些区别就已经出现了。在早期的爬行动物中，很多足上长着4个指头，而不是两栖动物的5个。但是，整体而言，它们的解剖结构与现存的两栖动物只是稍有不同。当时，爬行动物表现出的一些优点将很快让它们成为地球上最强大的动物。

在古生代的最后阶段，两栖动物和爬行动物并肩追逐着自己的命运。在美国西南部的河流和池塘里，它们同生共死。最早的爬行动物大部分都生活在水边。在得克萨斯州一个已经干涸的湖底沉积中挖出了许多不同年代的标本。大部分都是肥胖而无趣的动物，有些保留了坚头类两栖动物的甲胄头骨，另一些则长有适合游泳的长脖子和长尾巴。有少数几种还长着适合爬树的爪子，但它们是例外情况，而且并不成功。

这些动物的身体里蕴含着未来重大事件的希望。以过去当背景，它们足够光荣了，但面对未来时，它们并不出色。和它们一起在新环境中冒险的还有另一种生活方式完全不同的生物。植物在生命的大游行里通常都是不起眼的"跟班"，但这一次它们走在了队伍的前列。这是生命史上第一次，也是唯一的一次。和动物的优势地位相比，植物便显得有些黯然失色，但这一次它们终于获得了承认。晚古生代的草木长得如此葱茏茂盛，以至于那些微不足道的动物和它们微不足道的活动，都从我们的视野里消失了。

第七章
植物的进化

随着时间的推移，在寒武纪之前曾束缚着所有生物的单调性慢慢烟消云散。两种不同的生存哲学在原生质中酝酿成型：一种通过植物形式寻找天堂，另一种则通过动物形式做到这一点。因为植物生存所需的营养水平始终比能够运动的动物的低，所以这两种哲学一种孕育了树木，另一种则孕育了人类。

动植物在饮食问题上早早便分道扬镳了。植物继续依赖最初那些养育了所有生物的物质过活，空气、土壤和水为它们提供了充足的气体和液体，几乎没有植物向往过比这更好的东西。阳光通过叶绿素，把这些简单的物质转化成复杂的淀粉、糖类

↓ 古生代泥盆纪的地球陆地风光想象图

和其他植物成分。另外，动物很早就厌倦了只有气体和液体的食谱。它们通过互相残杀——但归根结底是通过残杀它们的植物邻居——得到了固体食物。单靠这些固体食物就能满足它们的新胃口。从那时起，动物一直在植物界偷窃。如果它们一直诚实面对同伴，就不可能像现在这样成功。当然，人类自身的存在也要归功于这种可怕的谋杀和盗窃制度。

动物和植物之间所有的显著差异都是从食物中产生的。不同的食物需要不同的消化和吸收器官，从而形成不同的食性。有些动物长着复杂的消化道，任何植物都未进化出这样的消化道，因为它们从不需要。由于植物的食物几乎随处可得，所以它们大部分都固定在一个地方。由于动物不可或缺的固体食物在任何地方都消耗得飞快，所以大多数动物都成了行动敏捷的窃贼。大部分植物吃下的食物在身体里变成了叶绿素和纤维素，而动物的食物则变成了肌肉和骨头。对生物来说，吃什么就是什么。所以，植物被动而原始的饮食习惯让它们始终迟钝而简单，动物积极而复杂的饮食习惯则让它们对刺激更为敏感，身体结构也更加精细。

在早期的海洋中，简单的细菌和藻类用自己的方式摸索着向更高的阶段前进。它们是水的孩子，最初完全依靠父母。水给了它们生命的种子，养育它们走向成熟，保护它们对抗最强大的敌人——干燥，水也让它们缺少脊椎的身体漂浮起来。只要停留在水分充足的地方，它们就十分安全，但也绝无进步。而它们中总有些闲不住的家伙酷爱旅游，去了陌生的地方。结果，这些家伙不仅学会了在盐水和淡水里生存，而且在沼泽、湖泊和潮汐潟湖里也能生存。在那里，它们听到了土地的欢歌。和动物一样，它们也被迫对此作出回应。

这些植物居住的水域年年遭受旱灾。它们面临着和两栖动物一样的问题，必须武装起来保护自己，才不至于在空气中干燥死亡，保证身体器官在生命之水回归之前能维持它们的生命。苔藓和苔类植物在现存植物中的位置类似于两栖动物在现存动物中的位置，它们很可能是那些原始植物的幸存后裔。它们的祖先针对周期性干旱不仅强化了自己的身体，而且这种做法也让它们开辟了一条通往旱地之路。

随着早古生代的湖泊或沼泽中的水渐渐蒸发，简单的植物慢慢窒息，但它们的死亡成了植物迈向卓越的第一步。这种卓越后来在陆生开花植物身上达到了顶峰。这些简单植物的身体和其他所有简单生物一样是柔软的，但成功存活下来的植物却长出了小小的肉质突起物。植物用它们穿透潮湿的土壤，去吸收逐渐消失的最后几滴水。太阳在它们头顶上发出灼热的光芒，空气充满酷热。许多植物都不幸枯萎了，但最终有几种植物长出了角质层来保护自己娇嫩的身体，对抗新环境中令它们枯萎的热气。同时，它们的身体也变硬了，可以支撑自身的重量不至于完全垮掉。在空气中，一切生物都必须做到这一点。另外，它们的小根也有所变化，不仅可以从土壤中吸收水分，还可以获取食物。同时，身体的其他部分为了呼吸空气而不是水，也有所改变。原始植物很早就取得了这些成就。当时，它们甚至还没长出足够的木本组织。只有木本组织才能为它们这些成就留下化石记录。

植物到泥盆纪时期才明显地出现在地质记录中，但早古生代的大地上很可能不是完全没有植被。因为当时的环境和现在一样，对生命十分友好，今天植物几乎无处不在。不是所有的植物都长在最容易生存的地方。有些会执着于北国的冻原，在干燥的沙漠中挑战死神；有些则无惧阿尔卑斯山顶被风撕出的巨大裂缝，无惧广阔的海洋中翻滚的波浪；就连在地狱般的油井中和人的肠道里也有它们的身影。这种适应性并非一日之功，很可能也不是地球上的任何新情况造

⬇ 蕨类。从古生代一直生存至今的植物

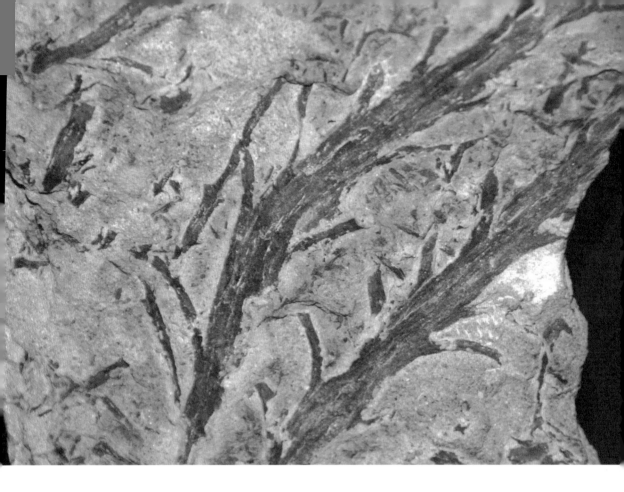

成的。毋庸置疑，在植物长出足够强壮的骨骼、能以化石的形式保留下来的多年之前，它们就已经开拓了你能想到的所有栖息地。

苏格兰莱尼的泥盆纪岩石中保存了许多植物化石。这些化石显示出植物从水生到陆生的过渡过程。它们的茎在地下蜿蜒，在地面上则高一二十厘米。它们的枝条又平又细，表面上覆了一层角质层，以对抗干燥的空气，原始的小根则从土壤里吸收营养。到古生代结束时，因为经常遭到海洋的冲积，许多陆地都变低了。这样一来，广大区域轮流被海水淹没，后来，河水从高处带来了淡水和废石，把它们变成了半咸水的沼泽。在这些沼泽里，原始的陆生植物迎来了它们的黄金时代。有不计其数的植物世世代代在这里生活和死亡，后来把这里变成了地球上最值钱的煤矿。

虽然这些森林里的蕨类和类蕨植物还很原始，但它们已经

⬆ 泥盆纪植物化石。其显示了水生植物向陆生植物的过渡阶段

有了许多优点。这些优点后来导致了植物王国的进化。就像爬行动物与两栖动物分道扬镳一样，蕨类植物的祖先抛弃了苔藓和苔类植物。和爬行动物不同的是，蕨类植物始终没能完全成功地成为陆地公民。但是只要和动物做比较，植物总是比后者要弱一点的。植物是生物家庭里弱小的弟弟，它们的光芒就像月亮：太阳一出来，月光就显得暗淡了。

人们常常用性适应 ❶ 的成功来衡量人生的成功程度。实际上，这只不过是繁殖与性适应变得密不可分之后获得的一种生存条件而已。无论动物还是植物，它们的进化就算不完全是性适应进步的结果，至少也是与后者同步进行的。植物在性适应上一直不如动物幸运，大概这就是树木比人类低级的原因之一吧（当然，有些树木是出类拔萃的，而很多人却糟透了）。

有些晚古生代的植物极其壮观，但实际上它们的结构简单，功能有限。性生活把它们束缚在水中。它们大多数还通过孢子——而不是种子——进行繁殖。直到今天，我们还能在蕨叶的小羽片背面看到孢子，它们只有落在湿地上才会发芽。蕨类植物的孢子长出来的植物看起来一点儿也不像蕨类。它们只是一些小平叶片，长度不超过 0.6 厘米，每片叶子都长有用于繁殖的性器官，能产生卵子和精子细胞。精子细胞成熟时，会利用一切水体游向卵子，让后者受精。每个受精卵都会长成一株有孢子的蕨类，然后它再继续重复这个过程。

因此，所有的孢子植物都包括相互依存的两代植物。其中一代具备性功能，能有性繁殖，而另一代则不具备，只能采用无性繁殖。所有孢子植物的有性阶段都依赖水。直到古生代结束之后，大部分植物对性阶段才有了足够的控制，摆脱了繁殖过程中对大量水的需求。说到底，煤矿森林里那些壮美的"巨人"不过处于从海藻到绿荫树进化的中途阶段罢了。对它们而言，前路依旧漫漫。

无论种族还是个体，生命都是由漂泊在永恒中的瞬间构成的。在上石炭纪的北美洲，蕨类植物进入了它们漫长生命的光辉岁月。其中一种长成了高耸入云的大树，高度超过 18 米。这样的"巨人"之所以会出现，是因

---

❶ 性适应指的是由于两性性功能的差异而必须在性生活中相互协调适应的过程，亦名性契合。

为它们生活的世界就具有最适宜它们生存的条件。沼泽潮湿温暖，全年气候极少变化，蕨类植物每天都在生长。它们不像那些生活在气候季节性变化地区的树木，会长出年轮。

它们如今的身体结构比祖先松弛的结构要优越得多。有些蕨类植物体形微小，结构是典型的杂乱无章，而带有孢子的蕨类植物细胞则与之完全不同。它们的细胞变长了，并连接起来形成管道。这样，养料就能更容易地从树根传到树叶，而且整个身体都因此大大增强了。虽然它们的木质还是海绵状的，不如现代树木的木质坚硬，但已经够强大，足以支持 18 米高的躯干的重量，使这些树木密布在森林里，驯服了最凶猛的大风。

① 蕨类植物。它们是通过孢子来繁殖的。我们能够轻易地从成熟的蕨类叶子下面看到大量的孢子

上石炭纪森林中的蕨类植物并非都是"巨人"。小树聚集在大树脚下，它们还在大树树干的裂缝里找到避风港。这一时期的大多数植物都长着类蕨植物的叶子。在不久之前，它们还都被认为是真正的蕨类植物。但现在我们已经知道，它们中有一些生产的是种子，而不是孢子，但在其他方面，它们很像蕨类植物。也许这些"种子蕨"就是原始植物与现代植物之间的关联。因为它们的化石遗迹很难与真正的蕨类植物的化石遗迹区别开来，所以科学家还没有发现它们的确切身份。

蕨类植物所有的荣耀都无法与巨大的石松类植物相提并论。这种曾经辉煌的植物如今已经血脉稀薄。它们的后代退化得身材矮小，几乎完全被高大的现代沼泽植物和森林植物所遮蔽。但在整个晚古生代，却没有植物能在种类和高度上超越它们。高大的鳞木像箭头一样直指天空，它们挺拔而修长，高度超过 30 米。树干顶部是由许多枝条组成的树冠，上面到处挂着棒状

的松果，其中含有孢子体。许多细长的禾草状叶片直接从树干长出来，排列成螺旋状。当树叶脱落时，在树皮上会留下它们标志性的菱形疤痕。每片叶子背面有两排孔，用来吸收空气中的二氧化碳。在地下，长茎水平分叉，细根向各个方向伸展出去，寻找食物和水。

和鳞木高度相仿的是封印木，即"密封的树"。有些种类的封印木叶子可以长到 90 厘米长，但并不排成螺旋状的行列，而是纵向生长在树干上，树冠像个巨大的菠萝。许多封印木又矮又粗，但也有些虽然直径只有 2 米左右，高度却达到 30 米。如今我们所知的已经灭绝的石松类植物品种达数百种。它们的遗体被压紧之后，变成了现在最有价值的几处煤矿的主体。许多年之后，它们还放射着来自天空的热量，而天空却早就变冷了。随着这些热量进入人体，它们也在人类的记忆里占据了一小块空间。比起大多数其他生物，石松的灭绝似乎显得没那么残酷。

巨大的木贼也曾与它们几乎同样威严，它们呈分节的细长尖状，能长到二三十米高。每节都长着一圈叶子，像项圈一样围着树干。它们在整个晚古生代都极其兴盛，但渐渐地越长越小。到今天，它们只能与蕨类和石松一道分担着苟延残喘的耻辱了。

对植物学而言，在任何一片古生代森林里，最好的树都是科达树。它们的高度超过 30 米，树冠由巨剑形的叶子构成，令人炫目。它们的木质和那些比它们更高的树木十分类似，并通过现代的种子传播方式进行繁殖。它们很可能有助于缩小蕨类植物和现代常绿植物之间的差距，但在古生代结束后不久，它们却消失不见了。

千百万年间，在千万平方千米的土地上，都是这样的树木占据了大地。在它们广阔的领土中，单调的绿海上从未出现过一朵花的身影。只有风儿偶尔欢乐地翻卷起黄色和褐色的孢子尘埃，来驱散丛林中的阴暗和忧郁。在黑暗的深处，既没有鸟儿的啁啾，也没有虫儿的鸣叫。只有两栖动物或爬行动物忧郁的牢骚声和落枝的咔嚓声，偶尔会打破长久的沉默。在古生代，大自然还没有学会发出笑声。

◐（左）现存的石松后裔。虽然它们与其祖先形态相近，但尺寸相差甚远

◐（右）封印木。它们树干粗直，乔木状，常与鳞木和芦木等共同生存在热带沼泽地区的森林中

⊕ 科达树化石。发现于纳米比亚。科学家认为，科达树是如今的云杉和冷杉的祖先

　　这个时代是属于巨大生物的时代。这个时代孕育了我们所熟悉的"无法变好就变大"的哲学。不光是植物，当时的许多昆虫也是"巨人"。它们的祖先可能是三叶虫，因为它们都长着小脑袋、6条腿、翅膀和用于呼吸空气的10段腹节。这种原始类型昆虫衍生出了很多其他种类的昆虫，后来它们又衍生出了蜻蜓、蜉蝣、蚱蜢、蟋蟀、蟑螂、虱子和甲虫等，所有这些昆虫都很大。一只上石炭纪的蜻蜓翼展可以达到76厘米；巨型蟑螂则长达120厘米，足以让肮脏厨房里的现代子孙惭愧得无地自容。尽管这些动物生活在多汁植物的世界，但它们却都是肉食者。它们彼此相食，也吃那些同样尝试在陆地上生活的较小无脊椎动物。而它们自己又成了嗜血的蝎子、蜘蛛和千足虫的食物。后者要么住在陆地上，要么住在森林地表上腐烂的原木当中。

　　在生命史上，连接低等生物与高等生物之间的桥梁，通常要么模糊不清，要么尚未被人知晓，但晚古生代的森林显然是这条规则的例外。它们的动植物几乎都是普通的过渡类型。它们的荣耀展现了有史以来生物界最怪异的组合。今天，它们几乎已经完全销声匿迹，只留下一些化石记录。

⬆ 石炭纪的蜻蜓化石。其翼展达 76 厘米

　　如果这些动植物不是生活在酝酿巨变的时代，它们当中的很多生物可能会充满尊严地一路走到今天。遗憾的是，尘世的天堂永远只是暂时的天堂。到古生代结束时，对生命极其友好的环境已经不复存在。很多生物因此消失了，其他许多生物的数目也都不幸地大量减少。在理解生物命运的风云变幻之前，我们必须深入地球内部，去采访地下世界的霸主。正是它们在漫长的时光里改变了地表上所有生物的命运。

第八章
揭开地下世界的神秘面纱

但丁曾经安然无恙地在 14 世纪的地狱中漫游，但若这位谦谦君子能拜访现代科学的地狱，恐怕瞬间就要化为蒸气烟消云散了。对神学家来说，地狱已经从一个地点变成一种状态。但是，当宗教的目光转向天堂之时，科学却垂下了视线。古代神学关注的是撒旦的王国，如今却已经变成现代科学对地球内部的兴趣。

地下世界一直吸引着人类的好奇心。其中，最古老的一些想法来自地中海的哲学家。他们认为，地球深处燃烧着熊熊火焰。这样的想法有地理上的原因：地中海盆地恰好是地壳薄弱带，那里的岩石充满裂缝，火山不断喷出烟雾和岩浆。所以，很多古代思想家都会把地震、火山与无法想象的炙热深渊联系起来，那里显然适合被驱逐的灵魂。在埃特纳火山 ❶ 附近晒日光浴的哲学家一定很容易就能想象出地狱的情形。

在亚里士多德为古代的自然思想盖棺定论之前，人类就已经描绘出了那片放弃希望的土地。其中有些观点在各种描绘里都占主流。比如，冥河里主要是火、风和混乱。亚里士多德想象地球是空心的，里面充满了燃烧的火焰。卢克莱修则认为地球内部是相对于地表世界的黑暗复制品，有黑暗的河流、峡谷、峭壁、洞穴，在那儿，咆哮的风会在岩石中撞出火焰。塞涅卡认为火山是被禁锢在地下的风逃逸出来时产生的，这些风吹过岩石，

---

❶ 埃特纳火山（Etna Monte），意大利西西里岛东北部的活火山。其名来自希腊语 Atine（意为"我燃烧了"），它是欧洲最高的活火山。

点燃了煤矿和硫黄。风神埃俄罗斯便生活在火山遍布的埃奥利群岛之下，他释放出的风吹动了地狱之火。❶

❶ 冥河渡船船夫卡隆之舟（西班牙画家何塞·吉尔作）

地球内部的深处足够恐怖，所以完全能满足旧神学的需要。地狱的观念不断成长，直到所有的欧洲农民都熟悉冥河渡船船夫卡隆的土地——这块土地让他们惶恐不安。但在那之后，这个神学王国便慢慢冷却了，恶鬼的啼哭声再也不会从地球内部传出来折磨人了。20 世纪，人们对神话中的地狱并无兴趣，但这个迄今为止都是保留给罪人的地方，却引起了现代科学家的思考，他们有关地球内部的结论有些是非常有趣的。

地质学家还没有找到"轻松下到阿维尔努斯"的办法。❷ 但在黑暗中摸索了几十年后，他们终于看到了希望。蛋壳上的细菌永远无法知道鸡蛋内部的运作机制，人类就像地壳上的细菌，但幸运的是，他们是有理性和想象力的群体，这让他们有能力挖出一条隧道，通往被埋藏的真相。

看不见的敌人是最难战胜的，所以没有什么问题比地球隐

---

❶ 塞涅卡（Seneca，公元前 4—65），古罗马时期著名斯多葛学派哲学家、政治家、戏剧家。曾任尼禄皇帝的导师及顾问，公元 62 年因躲避政治斗争而隐退，但仍于公元 65 年被尼禄逼迫，以切开血管的方式自杀。著作有《对话录》12 卷、《书信集》124 篇和悲剧《特洛伊妇女》等。埃俄罗斯（Aeolus），希腊神话中的风神。埃奥利群岛（Aeolian Isles），意大利西西里岛北方第勒尼安海中的火山群岛，该岛得名于风神埃俄罗斯。
❷ 出自维吉尔的《埃涅阿斯纪》，该作品是诗人维吉尔于公元前 30—前 19 年创作的史诗，叙述了埃涅阿斯在特洛伊陷落之后辗转来到意大利，最终成为朱里安族祖先的故事。阿维尔努斯是意大利那不勒斯附近死火山口形成的一个小湖，在古代神话传说中是地狱的入口。

但丁笔下的地狱世界

埃特纳火山喷发后所形成的圆锥形火山口。埃特纳的意思是"我燃烧了"，这座火山喷发十分频繁，自 2007 年以来已经造成近 100 万人伤亡

藏的"心脏"更令人费解了。种种猜测像刺刀一样，屹立在科学发展的前沿。到 18 世纪，法国的杰出数学家拉普拉斯摧毁了古代的观念，在地球内部被风扫荡的空洞里填进了液态的岩石。他认为地球是液态的球体，具有一层很薄的地壳。有些现代科学家在对这种说法加以修改后接受了它，但当时绝大多数科学家都认为地球本质上整个儿都是固态的。

人类在地球上钻过很多洞，与地球的半径比起来，这些洞不过是针刺一般，但这样的深度也足够说明问题了。每个洞都是打得越深，温度就越高，平均而言，深度每增加 18 米，温

度会升高 1 华氏度。❶ 到目前为止，最深的洞打到了地表之下 9660 米的深处 ❷，在这个深度以下是否还继续保持这一升温速率，就没有人知道了，但从火山的温度来看，这个速率很可能会继续保持。如果它确实保持下去，在地下相对较浅的位置，温度就足以高到熔化科学已知的任何物质了。所以，如果我们假定地下的温度会持续升高，而其他条件并无改变，那么地壳下面的岩石肯定应该已经变成炽热的液体了。

有些学者认为，在地表以下 80 千米以内的范围存在某种液体基质，包围着整个地球。有显著的事实支持这种说法：大陆主要是由花岗岩这样的轻岩石构成的，洋底及火山岛则是由被称作玄武岩的重岩石构成的。地质史上最大的熔岩流通过地壳裂缝，把玄武岩从地下世界带到了地表。这些事实表明，大洋和大陆位于一层共同的玄武岩之上，大陆之所以海拔较高，是因为它们是由更轻的材料构成的，重力把它们和原来的物质分开。大陆就像漂浮在玄武岩之海上的冰山。

如果地球有这样的地基，那它本身很可能也是极易被破坏的。地质学家已经发现了大量证据来证明这一点。他们读过地面的漫长苦难史，研究过山脉上的褶皱，看过地球母亲的累累伤痕。它的地壳一块块顺着大裂谷沉没下去，其中一处塌陷正是现在的红海。旅行者站在冰川国家公园的一座高峰上四下环视，能看到惊人的美丽与宁静。但这种美丽与宁静是从苦难和辛劳之中诞生的。那些山脉都曾是海底的泥土，后来它们硬化、隆起，被水和冰雕塑成形，推到它们现在的位置——

❶ 也有科学家认为是 27 米。
❷ 如今这一纪录早已突破了万米大关。——译者注

它们至少被向西推了 11 千米。对训练有素的眼睛来说，大地上那些愈合不良的疤痕十分清晰。显而易见，地球曾经遭受过许多苦难。

尽管地壳薄弱，但地球整体十分牢固。实际上，它是如此之牢固，以至于很多科学家都无法接受"液体基质"这个概念。由于地壳施加的巨大压力，地球内部的物质得到了强化，可能因而产生了防止地球变形的内部阻力。实验证明，如果不允许体积增加，绝大部分岩石不可能从固态转变为液态，而如果压力足够大，能够阻止岩石膨胀，那么不管温度如何，它都会一直保持固态。炙热的物质在地表会迅速液化，但在地层深处的压力之下会一直保持固态，这是地球物理学的未解之谜之一。这样的炙热物质可能像固态岩石一样呈晶体状，也可能像液体一样呈无固定形态，没有人知道它们到底呈现何种形态。在突如其来的压力之下，它必定有弹性和刚性，但在长期的压力作用下也可能具有可塑性。专家认为，地球作为一个整体，呈现弹性刚体状态。

⬇ 世界上最深的洞。深入地下 12261 米，这一纪录是由苏联在科拉半岛上的 SG3 井保持的

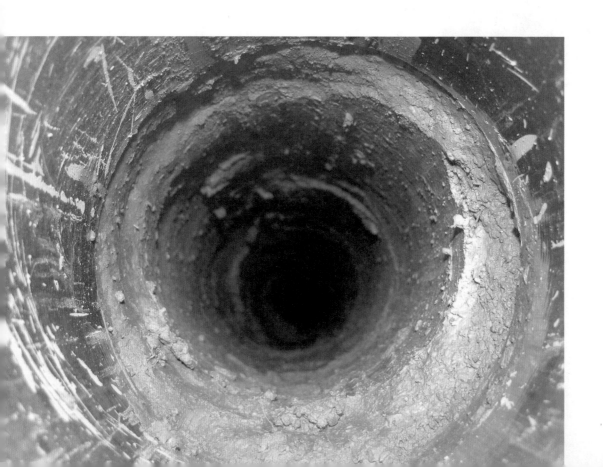

放射性矿物构成了地下世界的熔炉，有些人认为地球基质会在它们的作用下有规律地从液体转变成固体。最著名的放射性元素有两种：钍和铀。它们是自然界中非常不稳定的两种元素，会由于原子的衰变而不断发生变化，由一种形式转化为另一种形式，最终衰变成铅。在衰变中，它们会放射出射线，同时产生热量。这些元素不受热和压力的影响。事实上，至今还没有发现任何因素能改变它们的衰变速率或衰变特征。它们在整个大自然中卓然独立，完全不受外界影响。这些元素广泛分布在岩石中，几乎构成了持续不断的热源。因此，我们现代的地球不是由良好的愿望铺就的，造就它的是放射性矿物。

爱尔兰物理学家乔利 ❶ 假定，地壳下存在着一层坚固的玄

❶ 从卫星看到的大地表面。经过长期的地壳运动及河流的侵蚀，地球已经变得伤痕累累

❶ 乔利的全名为查尔斯·贾斯珀·乔利（Charles Jasper Joly，1864—1906），爱尔兰数学家、天文学家。

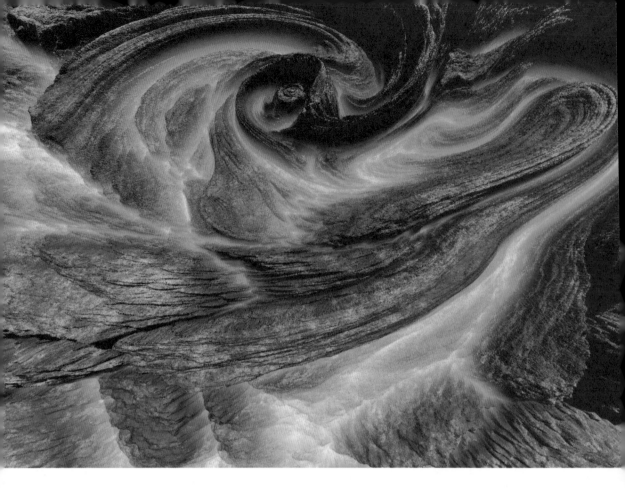

① 因地壳断裂或火山
喷发而奔涌的岩浆

武岩基质，由于固态岩石的导电性很低，放射性热量无法散发出去，会逐渐积累起来，被基质所吸收，基质因而会周期性地转化为液体。这样，在产生足够的热量之后，之前固态的玄武岩会变成液体，并体积膨胀，导致海洋盆地上升，海洋因而侵入大陆。之后，由于液体基质的热对流作用，热量迅速散发，玄武岩再次凝结收缩，导致海洋盆地下沉。这时，海洋退离陆地，大陆被沉陷的海沟不断挤压，引起山脉上升，从而又开始了新一轮热量积累的循环往复。这个理论为地球历史上主要事件的周期性提供了一个巧妙的解释，但它只是个理论而已。没有人能知道在过去的漫长岁月里地球上曾经有过多少液态岩石，也没有人能确定现在地球上的液态岩石含量。科学家能够确定的是：无论地球内部是液态还是固态，它现在绝对都是坚硬的。

每个小学生都听说过哥伦布竖鸡蛋的故事，但恐怕没有多少人听说过开尔文男爵 ❶ 与鸡蛋的故事。开尔文男爵提出，液态的地球无法沿其自转轴进行旋转，这一观点的提出比他的同事们要早整整半个世纪。当时他用一个煮熟的鸡蛋和一个生鸡蛋做了演示，熟鸡蛋的内部是硬的，可以旋转自如，但生鸡蛋里是液体，所以无法旋转起来。

地球不是什么轻盈的小仙女，它的体重比同体积的水的 5 倍还重。由于它的岩石外壳的重量不超过同体积水重量的 3 倍，所以它的内核肯定要重好几倍。地球内外层之间存在着重量差，这可以用"所有已知物质都可以被压缩"这一事实加以解释。压缩使物质的密度增大，也就变得更重了。人们认为，地球的内核至少和铁一样重。

地球的分层颇为粗糙。地表的花岗岩融进了下边较重的玄武岩基质，后者又因此陷入了下边更重的物质里。地核被认为是由铁镍合金构成的，承受了巨大的压力，密度也因此增加。落到地球上的陨石则大部分都是由铁构成的：或许它们是其他世界的组成材料。

现代地狱的分层并不像但丁地狱的伦理分层那样清晰。由于物质的密度随着深度逐渐增加，上一层会融入下一层。人们已经描述了 3 个分层：外层岩石圈包括地壳和基质层，中间层是岩石和铁的混合区域，内核则是主要成分为铁的地核层。这些分层符合我们已知的宇宙学、天文学、地球物理学和地质学的知识。当然，没人见过这些分层，它们只是推理的结果，是猜测。但研究正是从猜测开始的。

地球的分层可能需要一定的流动性，至少在地球诞生时和青少年时期需要。无论过去的真相如何，现在压力在与温度的竞争中显然占据上风。地壳出现裂缝时，压力在局部释放，地下的物质便会以熔岩的形式涌出地表。而平时它们是被牢牢束缚在自己的位置上的。石蜡在一个大气压下稍微加热就能流动自如，而在 3 万个大气压下却可以用于在钢铁中钻孔。地

❶ 开尔文男爵指威廉·汤姆森（William Thomson, 1824—1907），英国数学物理学家、工程师，热力学温标的发明者，被誉为热力学之父。他涉猎广泛，科学贡献包括电学的数学分析，将第一和第二热力学定律公式化，把各门新兴物理学科统一为现代形式，等等。

→ 地球分层示意

球的组成物质也是这样被压缩着变硬的。在现代的地狱里，没有空间可浪费。

火山喷发有时会突然改变岩层的位置，引发局部的地震。大的地震则是由地壳过度应变导致架构全面崩溃所致。地球内部的弹性强度可以防止崩溃，直到应力积累成为压碎岩石的最后一根稻草。然后，地球的背就被压断了，大量的地表岩石滑进了震开的大裂缝，在地面上，则有过紧张的震颤。

地震波曾摧毁过许多大城市，它们一直是最可怕的死亡使者之一。但人类也通过它们学到了新知识。波塞冬 [1] 摇动手指，颤动波便从原点穿过岩石传往四面八方。它沿着弯曲的路径穿过地球内部。它在前行的同时，还在运动路径的径向和横向发生振动。地震速度计又被称作地震仪，可以测量振动传播的速度。随着振动向下穿过地球内部，速度会增加。这证明地球内部的弹性和硬度都在随着深度的增加而增加。横向振动只能穿过坚硬

---

① 波塞冬，希腊神话中的海王、大地的震撼者，被称为大海的宙斯，是仅次于其兄宙斯的强大掌权者。

的物质。换句话说，软面团做的铃铛是不会响的，而地球却像钢铁做的铃铛一样坚固。

实验观察结果表明，当深度增加时，地球的强度也在增加。在正常大气压下，岩石可以被铁锤砸碎。在地球内部，压力会增加至成千上万吨，岩石也会变得牢不可破，所有的岩石在被压缩时，强度都增加了。

地壳本身也具有一定的强度。勃朗峰的海拔超过 3600 米，却没有发生坍塌。确实，地壳在一侧受到强烈压力的情况下，经常会发生破裂、弯曲，产生褶皱。但这样的变动要经过长期相对安静的状态之后，才会发生。对整个山体系统而言，它已经稳定了很长时间。总之，地球只有不断积累压力，直到超过它能承受的强度之后，才会爆发。

到目前为止，我们从对地球的早期概念出发，已经走过了漫长的路，从迷信中渐渐摸索出了对地球内部的睿智概念。但是，在黑暗的地球内部依旧潜伏着未解之谜。我们还不能肯定曾存在过的流体的作用，还在争论今天依旧存在的流体的作用。但地球的坚硬无疑已经得到了证明，鉴于此，现代科学已经逐渐坚信固体地球的存在。

所有这些知识对生存成本毫无影响，但人类的求知欲是永远存在的。科学家有着无限的耐心，并赢得了一些小胜利：在漫长的白昼和寂寞的夜晚，在弥散着熏烟的火山口，在不肯向人类屈服的大自然面前，他们慢慢开始探索地球深处的未解之谜，开始用自己的方式追随但丁的脚步——他们寻求的都是事物的真相。

⬇ 勃朗峰。其位于法国和意大利交界处，海拔 4807 米，是阿尔卑斯山最高峰，也是西欧最高峰

第九章
海洋与陆地的变化带来的生存危机

古生代开始的时候，北美大陆的架构模式跟如今不同。现在北美大陆的东西两端分别是大西洋和太平洋，当时则是不稳定的阿巴拉契亚高地和卡斯卡迪亚高地。[1] 在之后的漫长岁月里，

⬇ 如今群山逶迤的阿巴拉契亚高地

① 阿巴拉契亚指美国东部的纽约州南部、亚拉巴马州北部、密西西比州北部和佐治亚州北部一带。卡斯卡迪亚，即太平洋西北地区，指美国西北部地区和加拿大的西南部地区，主要包括阿拉斯加州东南部、不列颠哥伦比亚省、华盛顿州、俄勒冈州、爱达荷州、蒙大拿州西部、加利福尼亚州北部和内华达州北部。

某种已经被人忘却的力量将它们侵蚀成如今的模样。现在北美大陆的内陆屹立着阿巴拉契亚高地和落基山脉，当时则分布着通向外海的宽阔海沟。尽管局部的地壳频繁扭曲，但在整个古生代，北美大陆的地形分布一直没有偏离这一模式。溪流在高地边缘慢慢蚕食着它们，并把废弃物冲进东西走向的海沟。海水也在持续不断地灌进海沟，还经常溢出并流进内陆的大盆地，但地球表面基本上是平静的。

⬆ 亚拉巴马皱纹般的小山

与此同时，地球内部却在不断地积蓄着压力。在古生代结束之前，这些压力至少在北美大陆上局部释放了3次，导致地球表面隆起了一片片小山脉，但这不过是更悲惨未来的先兆罢了。真正的大冲击是在古生代结束时到来的，地球内部的大爆发，将大量的泥沙堆进了阿巴拉契亚盆地。地壳再也无法抵挡来自内部的压力，在最薄弱的区域垮掉了。从纽芬兰到亚拉巴

○ 落基山脉风光

马，地表上出现了各种怪物般的裂纹和褶皱，许多山脉被隆起足足有 8 千米之高。

　　落基山脉从大海中向西拱起脊背，并把一只手臂伸进东部的大洋里。由于山脊挡住了西来的水分，这片巨大的海湾最终被风干了，留下的盐如雪毯一般覆盖在一片焦土上，折磨着它。火山喷发出的气体、尘埃和熔岩从加利福尼亚到阿拉斯加无处不在。无论什么地方，大海和湿地都被赶出了大陆。在西南地区，当所有的海湾都被咄咄逼人的隆起和干旱驱逐之后，墨西哥湾还在大陆上逗留了一阵子，但最终它也屈服了。到古生代

结束时，北美大陆的海拔已经和今天一样高了，却比今天干燥得多。

在其他许多地方，随着废石的堆积，地表被削弱了，这就导致了山脉的不断诞生。欧洲、非洲、亚洲、大洋洲和南美洲都经历着全球风暴的阵痛。变形在全球范围内并不是同时发生的，但大部分都发生在上石炭纪中期。到了随后的二叠纪——古生代的最后一纪——结束时，大部分陆地已经高出海洋，并遭受了侵蚀。之后，为期超过一亿年的大灾难终于减弱，但它的影响在如今的大地上依旧随处可见。

最直接的影响是地球遭遇了有史以来最严重的气候变化。北美洲不是唯一被沙漠统治的大陆。在欧洲，阿莫里克山脉沿着一条由爱尔兰经英格兰、法国蜿蜒到西班牙的带状区域崛起，慢慢建立起了一道屏障，对抗着从大西洋吹来的湿风。结果，煤炭沼泽蒸发了，在它们曾占据的地方出现了一片片荒芜的红色沙漠平原和盐湖。在东方，地中海曾一度伸出舌头舔到新生的乌拉尔山的侧翼，但它最终还是被沙漠逼退了。

山脉的出现总是会扰乱大气和洋流的循环。这种混乱效应在北半球十分壮观，但比起上石炭纪和二叠纪时期遍布南半球大陆的冰川，它们就显得微不足道了。当时在赤道地区覆盖着巨大的冰盖，大小可以和如今南极覆盖的冰层相媲美。现在，非洲、南亚、南美洲和大洋洲遍布着生机勃勃的热带丛林，但当时它们都被埋在几千英尺❶深的冰雪之下。史上最大的冰川就屹立在赤道高原上，在融化之前，先流进了热带低地，然后又流进了

---

❶ 1 英尺 =0.3048 米，本书中的"英尺"同此换算。

热带海洋。在澳大利亚，冰川同样在反反复复地形成和融化。实际上，在冰河期，气候都是如此温和，温水动物可以在海洋里生活，陆地上则生长着成煤植物。古生代末期正是有史以来最引人注目的气候演替时期。

目前，对这些冰川尚无充分的解释，或者说，就这一问题而言，对任何冰川都尚无充分的解释。它们出现的原因与当时大气和海洋的状况密切相关。如今，这些状况已经消失很久了，但它们的影响却遗留至今。冰川融化之后，从高地上冲下来上百米高的废石覆盖了方圆数千平方千米的低地。冰水流进海洋，让它变冷了，从而冷却了海洋上的空气。在整个南半球，郁郁葱葱的煤矿森林因气候变冷而减少。个头更矮、生命力更强韧的植物取代了它们的位置，并随着寒流一起进入如今的欧洲和亚洲区域。

动物和植物生活中最重要的变化都不能归结为单一因素。

⬇ 尽管许多生命在沙漠中顽强地生长，但对人类来说，沙漠依然是禁地

山脉崛起、内海被排空、大气和洋流紊乱、冰川作用，以及干旱等因素结合起来，扰乱了海洋里和陆地上所有生物的生活，死亡无处不在。生命的毁灭是如此广泛，甚至早期的研究者曾认为，到古生代结束时，地球已被清理一空。而后来上帝又悔过自新，重新创造了新的生物。现在我们知道，尽管当时有成千上万种动物和植物灭绝了，但依旧有少数度过了危机，它们紧密团结在一起，继续并肩前进。

冰川让南半球的植物遭受苦难，干旱让北半球的植物全军覆没。蕨类植物是当时生命力最顽强、种类最丰富的植物，但它们的大小、品种和数量都减少了。大部分石松死掉了，仅有少数存活下来，而且发育不良，面目全非。木贼挨过了岁月的风雨，但荣光已经被严重削弱，幸存下来的木贼都不再是树木。在整个地球上，高大的陆生植物不是死掉了，就是变成了矮子。

大自然本质上是残忍的，但也时不时会产生怜悯之心。它让子女遭受分娩的痛苦，但也给了它们童年的快乐。它让死亡变得无比可怕，但由于这种可怕的映衬，之后的生活反而显得

壮观的阿根廷乌普萨拉冰川。在冰川期，冰层曾覆盖大地，极地冰盖增厚，低纬度地区也有冰川分布

如今生机勃勃的
针叶树林

美好起来。它幸灾乐祸地把灾难加在子女头上，但也允许一些
出色的后代在灾难过后继续成长。所以，当地球上有史以来最
壮观的森林被破坏殆尽之后，它也播下了承载新时代希望的微
小种子。

　　尽管它把结种子的科达树推到了灭绝的边缘，却让它们一
些不知名的后代活了下来。这些后代衍生出坚硬的常绿乔木，
成为下一个时代植物王国的统治者。甚至在二叠纪结束之前，
紫杉和红杉的远祖——原始的针叶树就已经在苍凉的荒漠中昂
起了头。它们学会了如何在遍布祖先残骸的沙漠中生存。它们
完善了自己的种子，从而摆脱了受精时期对水的需要，这让整
个植物王国有未来。

　　与针叶树同在的还有原始的银杏，它们长着小叶子和类似
李子的种子。在银杏游动的精子细胞里，还保留了陆生植物水
陆两栖起源的遗迹。它们是最后一批保留这种痕迹的高等植物。
银杏在中生代中期曾经无比辉煌，但如今已经衰落，只有佛教徒认为银杏代表着神圣，还在种植它们。虽然今天银杏几乎已经全面衰落，但我们无法忘记，曾有一个时期，它们与苏铁的祖先及针叶树一起扛起了植物界的旗帜。如果没有它们，这面旗帜早就倒了。

陆生脊椎动物受的苦比它们的植物邻居要少得多。因为它们长着腿和肺，所以总能找到土地依旧肥沃、空气依旧新鲜的绿洲。在中生代开始之后多年，两栖动物依旧种类丰富。而爬行动物则受到让弱者灭绝的兴衰变迁的刺激而慢慢崛起，成为世界的霸主。

它们那些生活在大海中的亲戚则远没有这么幸运。大灾难来临时，每道波浪里都翻卷着悲剧，之前为数颇丰的无脊椎动物只有少数几种活过了二叠纪。许多动物命里本就缺少希望，它们体内神秘莫测的力量带来了死亡，自己也为之做好了准备。其他动物本来有可能继续活下去，但如今整个世界都开始跟它们作对。在不止一个生存阶段，这个讽刺性的事实都露出过丑陋的嘴脸：最大的障碍总是出现在最没有能力克服这些障碍的

🔻 秋日，金灿灿、落叶如毯的银杏树林

生物面前。

　　在古生代漫长的岁月里，各大洲的浅海边缘都在来回游移。因此，虽然不计其数的简单海洋生物都生活在这些浅海里，却无半点儿安全感，就像大自然从不曾给子女任何安全感一样。这些生物的种类和数量在不断增加，挤满了整个地球。但到了古生代结束时，全世界的陆地都升高了，海洋被赶出了大陆，它们的居民只能一起挤在大陆的边缘部位。一边是既没有光明又缺乏食物的深渊，另一边则是一面坚不可摧的墙。它们无计可施，只能沿着海岸线徘徊，试图骗过追捕它们的死神。但是，死神是不会受骗的。还有更多的动物挤在这些狭窄的海湾里，远远超过了海湾所能承受的数目。由于地球和大气的动荡，洋流已经紊乱。此外，大部分能当作食物的植物都已经消失了。这么一大群动物挤在一个陌生的环境里，食物远远不够分配，懵懂无知的它们不得不投入内战，彼此相食——强者吞噬了弱者。有些物种的生命力在之前相对轻松的年代被削弱了，所以它们消失得最快。随后灭绝的则是许多更强大的生物，因为它们还不够强大，无法胜过身边窥伺的重重天敌。灭绝是如此普遍，到古生代结束时，幸存的生物远比古生代开始时少得多。

⬇ 银杏树结出的果实。银杏树被称为植物界的"活化石"

　　许多种群丰富的动物都彻底灭绝了。笔石（这个名字的由来是它们的化石遗迹看起来像石头上的铅笔印）曾一度挤满了世界上所有的水域。这种简单的动物是珊瑚和水母的亲缘动物，但此时全部灭亡了，没有留下任何幸存者。在古生代的绝大部分时间里，多刺动物的种类丰富、数量多，固定在海底生活。它们现存的代表是海星和海胆。但大灾变莅临之后，这种定居动物绝大多数都灭绝了。最后一只三叶虫也陷入泥土，和它一起倒下的还有最后一只强大的海蝎子。

灯笼贝是古生代数量最多的动物，但它们同样减少了许多。很多物种几乎全军覆没，少数幸存者在余生里也只能痛苦地前行。珊瑚也经历了巨大的变化。苔藓虫——或者叫作苔藓动物——在早古生代的数百万年间都是主要的造礁动物，如今它们也沦落到无足轻重的边缘。头足纲的鹦鹉螺曾是海洋的霸主，它们幸运地逃过了灭种的命运，其概率之小，堪称奇迹。

○ 笔石化石。笔石是古老的无脊椎动物，曾一度挤满世界上的所有水域，但最后全部灭绝了

总之，无脊椎动物该谢幕下场了。它们中有少数几种找到了避难所，继续燃烧着生命之光，直到更美好的明天到来。但在古生代之后，它们始终未能从巨大的损失中恢复过来。它们的不幸并不完全是由敌意的世界所导致的。实际上，命运之神早已安排妥当，它们也准备好了迎接死亡。生物界的希望注定要爬过许多完全不同的动物尸首，从而继续向前。从逆境中产生的优点造就了脊椎动物的成功，这些优点让爬行动物征服了全世界的大地、天空和海洋，并从逆境当中出现了鸟类和哺乳动物的萌芽。当革命的云朵最终散尽之时，人类的光辉正清晰地闪烁在遥远的天空之中。

第二部分

「帝王」的陨灭

　　生命不仅意味着生，更意味着死。死亡对生命来说并不可怕，它无时无刻不在进行。生与死的嬗变贯穿了这部生命大戏的始终，一幕落下，必有一幕升起。那些在时代中享有霸主地位的种群，或许一夜间就会陨灭在历史的尘埃之下，唯余那些清冷的化石骨殖昭示着曾经的辉煌。

第十章
恐龙传说

⬆ 中生代的地球想象图

中生代是显生宙的第二个代。这一时期，动荡慢慢消退，地球表面逐渐进入相对平静的时期，腐蚀之手平静地抚过皱巴巴的地表。阿巴拉契亚高地诞生后，北美东部大陆呈现了动荡期后总会出现的松弛状态。随着大裂谷不断下陷，从新斯科舍省❶到北卡罗来纳州一线，沿着高地出现了许多狭长的盆地。河流从高地上冲刷下粗糙的沉积物，倾倒在这里。岩石碎屑在盆

---

❶ 新斯科舍省（Nova Scotia），又称作诺瓦斯克舍省，拉丁语意为"新苏格兰"，是加拿大东南部的一个省，由新斯科舍半岛和布雷顿角岛组成，是加拿大大西洋四省之一。

地底部堆积得有成百上千米高。炙热的岩浆不时从依旧动荡的地球内部涌出，在地表的部分区域流淌肆虐。

灼热的太阳炙烤着干燥而暗淡的大地，时不时一阵暴雨倾盆而下，涤荡着沙漠废墟。过去的植物霸主还有少数幸存者在红砂岩上挣扎求存，但它们的黄金时代已经一去不复返。曾在植物的映衬下黯然失色的动物注定要重获荣光。阳光晒干了其他生物的尸首，让整个贫瘠荒芜的土地都充满绝望。但爬行动物却在这里开始了一段比古往今来的其他所有动物都更加辉煌的历程。

虽然爬行动物走过的路已经消失在阿巴拉契亚高地的混乱地貌中，但我们有理由相信，这些爬行动物起源于二叠纪一片荒芜的沙漠。它们在中生代获得了霸主的力量，它们的祖先很可能是晚古生代大陆上矮胖的四足动物。这些简单的生物将学会在艰苦的沙漠中生活。它们将不受身体的束缚，不会被环境或生存方式所限制，而是能够适应各种情况。恶劣的环境淘汰了弱者，但也激发了强者的生命力。很多早期爬行动物的幼体

⬇ 恐龙。恐龙是出现于中生代具有多样化优势的陆栖脊椎动物。恐龙家族曾支配全球陆地生态系统 1.6 亿年之久

都具有足够的力量和适应性。在大变迁的时代，许多同时代动物都因适应不了环境而死亡，它们却找到了食物。

中生代爬行动物的祖先最初生活在亚热带海湾的温暖水域中。它们的脾气和体格都很像现在的鳄鱼，但友善的泥塘变成了尘土，这让它们必须四处寻找新的天堂。它们从一片绿洲跋涉到另一片绿洲，这期间路途漫漫，那些走不快的都被渴死了。其中，许多个体受到脚下同伴尸体的刺激，鼓起勇气，跑得像袋鼠一样快。在沙漠大地上呼吸炙热气息的漫长岁月里，爬行动物先是被迫加快速度，随即走上了之前从未对陆生动物开放过的进化之路。

恐龙背负着祖先的希望，最终在这样的环境下出现了。它们在中生代几乎占据了整个地球，就像现在的哺乳动物一样。它们是最引人注目的陆生动物。有些地质学家认为，在现在的北大西洋流域曾有一块巨大的大陆，在欧洲和美洲之间构成了一道桥梁。恐龙就起源于这块大陆上的某个地方，并从那里扩散到了世界上的各个角落。

这些爬行动物大小不等，从和鸡差不多大的小家伙到身长超过 20 米、体重超过 30 吨的巨兽应有尽有。有些人把大象的体重和黄鼬的嗜血性结合起来，称它们为"恐龙"——这个词的原意是"可怕的蜥蜴"。有些恐龙却和奶牛一样，完全是素食动物。在恐龙的进化过程中，它们很快沿着两条完全不同的发

⊙ 梁龙。梁龙属蜥龙类的蜥脚类。颈和尾都很长，四足行走。最大的个体长达 30 米。化石发现于北美洲晚侏罗世地层中

展路线改造了祖传的身体，从而发展出了两类不同的恐龙：一类以肉食为主，尾部类似鳄鱼；另一类则是素食动物，尾部类似鸟类。纵观恐龙的悠久历史，它们始终保持了这个基本的区别。当然，它们也和人类一样，总有冒险家时不时跨越种族的界线。

在中生代的第一纪——三叠纪结束时，如今的康涅狄格河的入海口还是沙漠，新王朝的两个分支在那片沙漠上留下了无数的足迹，甚至还有少数几根骨头。肉食性恐龙小巧灵活，它们的很多基本特征已经能让人把它们和那些让人印象更深刻的恐龙区别开来。一具典型的肉食恐龙骨架长约 1.2 米，状如蜥蜴，长着善于奔跑的发达后肢；前肢则垂在身前摇来晃去，用于捡拾猎物的骨头；它们长着长长的尾巴，用来平衡直立的身体；还长有爪子及犀利的棘状牙齿。这种体形小巧的恐龙留下了数量丰富的脚印。从中我们可以判断，它们过着轻松愉快、尽享美味的生活。大概正是因此，它们才从未完全发挥出自己的潜力。它们之所以出名，主要是因为这一种群后来孕育了德国的美颌龙——它们还没有一只兔子大，是迄今为止发现的最小的恐龙。

力量之路的下一站是近蜥龙（又叫安琪龙），它们同样生活在三叠纪，住在阿巴拉契亚高地的峡谷里。目前保存最好的标本显示，它们的身长范围为 1.5 ～ 3 米，骨骼强壮，却是空

⊙ 美颌龙化石（左）和美颌龙复原图（右）。美颌龙属小型的双足肉食性兽脚亚目恐龙。它们约有火鸡大小，生存于晚侏罗纪提通阶早期的欧洲

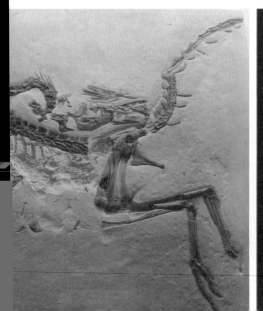

↑ 近蜥龙。它是一种极为敏捷、小型、二足奔跑的原蜥脚类恐龙。这种恐龙大约 1.7 米长

↓ 收藏于美国犹他州恐龙博物馆的异特龙化石。异特龙是一种中型的二足、掠食性恐龙，身长约 10 米，最长达 13 米，体重约 3 吨。它们生存于晚侏罗纪时期

心的；它们的四肢都很粗壮，捕食时能牢牢抓住猎物；牙齿尽管有些简单，却非常适合杀戮。近蜥龙生活在气候温暖的地区，它们在湖边活动并寻找食物。在气候较干燥时，湖边就会露出淤泥。近蜥龙从上面经过时就会留下足迹。这些足迹被泥沙迅速掩埋之后，就可能形成足迹化石。古生物学家通过研究足迹化石得知，当时与近蜥龙生活在同一个区域的还有不具备攻击性的鸟脚类恐龙和肉食性的兽脚类恐龙。真正对它们构成威胁的是那些大型的兽脚类恐龙。一旦遇到兽脚类恐龙，近蜥龙可

能会依靠后肢急忙走开。如果实在躲闪不开，它们就只能依靠大爪奋力一搏了。

到了侏罗纪时期，异特龙顶着一个巨头登场了。异特龙具有大型的头颅骨，上有大的孔洞。这可以减轻重量，在眼睛上方则拥有角冠。它们的颅骨是由几块分开的骨头组成的，骨头之间有可活动的关节，进食时颌部可先上下张开，然后再左右撑开，从而吞下食物。它们的下颌也可以前后滑动。异特龙拥有 70 颗巨大、锐利、弯曲的牙齿。相较于大型、强壮的后肢，它们的前肢比较小，爪部只有 3 指。指爪大而弯曲，长度约为 25 厘米。异特龙的尾巴长而重，可平衡身体与头部。异特龙的骨架和某些恐龙的一样，呈现出类似鸟类的轻巧中空特征。

在侏罗纪晚期，有一种个子大且很凶残的食肉恐龙——角鼻龙。从外形上看，它们与其他的食肉恐龙没有太大区别，都是大头、粗腰、长尾、双脚行走、前肢短小、上下颌强健、嘴里布满尖利而弯曲的牙齿。但它们的鼻子上方生有一个短角，两眼前方也有类似短角的凸起，这可能就是它们被称为角鼻龙的原因。

🔼 角鼻龙。它们生活在侏罗纪晚期，是一种个子大、性情凶残的肉食性恐龙。特点是鼻子上方生有一个短角

🔽 艺术家笔下的恐爪龙像一只腾飞的鸟。恐爪龙是驰龙科一属的恐龙，生活于下白垩纪的阿普第阶中期至阿尔布阶早期。其后肢上有非常大、呈镰刀状的爪，当刺戳之用

恐爪龙是另一种不同寻常的恐龙。该种恐龙的化石表明，它们不是一种巨兽，只有1.5米高、3～4米长。其中，尾巴占了身长的一半，主要用来平衡身体。它们的牙齿、前爪和后爪都表明，这种恐龙是危险的捕猎者。这种恐龙每只脚上都有一只又大又弯的爪子。恐爪龙奔跑时，它们的爪子会向上翻起，当发现猎物时，会迅速挥动爪子并用力踢蹬，给猎物致命一击。这也是它们名字的由来。恐爪龙的牙齿斜着向后生长，一旦被它们死死咬住，猎物也就无法挣脱了。它们可以打败比自身还大的猎物。

霸王龙是活着的死神，是地球上有史以来个头最大、最可

→ 霸王龙骨架化石组合。霸王龙是体形庞大的肉食性恐龙，体长为12～15米，重6～8吨，是陆地史上已知最强的肉食性动物

↓ 柏林自然历史博物馆中的梁龙骨骼化石。梁龙个体最长可达30米，体重约10吨

怕的猛兽。它们长约 14 米，高约 26 米，充满力量。它们用巨大的后肢站立并支撑着全部的体重。它们的头部长度超过 1 米，高约 1 米，宽度近 1 米。它们的下颚长着匕首一般的牙齿，牙齿长度为 7 ~ 15 厘米，四肢上的爪子和人的手一样长。这样庞大的躯体不太可能敏捷。虽然霸王龙强壮无比，但它们显然也要符合力学定律。这些定律从不允许巨人的体格和蚂蚱的灵活性共存。在霸王龙的巨型吨位中，只有一磅重量分配给了指导它们生存的大脑。因此，它们的动作必定既缓慢慎重，又毫无意识。在面对新情况时，它们完全缺乏迅速调整的能力。要是它们生活在今天，一定会被更聪明的哺乳动物轻松猎杀。但幸运的是，它们生活在以迟钝为荣的年代。当时的爬行动物只知道吃、繁殖和躲避危险。肌肉在那个时期是衡量成功与否的标准，在这个标准之下，霸王龙当然就是王。

尽管大多数臀部类似鳄鱼的恐龙都遵循了霸王龙的发展道路，但也有些按照祖先的习惯，用四肢着地，过着更为平静的素食生活。它们泡在水里，吃沼泽地的水草，不断变重、变高，甚至有些都没法再拖着身体爬上陆地了。

雷龙——"雷霆蜥蜴"——身长可达 22 米，体重约 30 吨，看起来像一头长了巨蛇的脖子和尾巴的大象。它们的四肢像巨大的柱子。在陆地上，不知道重力会不会让它们动弹不得，相信只有水的浮力才会让它们感到幸

福。它们的骨架在水里效率很高。涉入深水时，它们的腿就像沉重的柱子一样支撑着它们站稳脚跟。它们的脊椎又轻又强壮，脖子十分灵活。它们从早到晚都半泡在水里，悠闲地站在淤泥当中。它们的牙齿已经不那么锋利了，爪子也失去了抓牢猎物的力量，但它们也不再需要这些祖传的武器，因为没有敌人会跟着它们进入沼泽。它们进食水草。

⬆ 雷龙。雷龙又叫迷惑龙，是温和的食草性动物，身长最长可达22米，身高可达30米，体重约30吨

梁龙的体形更长，也更纤细。它们身长26米。其中，约20米都是锥形的脖子和尾巴。它们背部的脊椎或者肌肉若稍有瑕疵，就会导致几米长的身体陷进泥里。大自然创造这种动物时，有效地解决了应力和应变的问题。在这一点上，造桥的人类根本无法望其项背。

巨太龙生活在早白垩世的非洲东部，是当时体形最大的恐龙。它们结合了雷龙的巨型身体和梁龙的身长。和其他恐龙不同的是，它们的前肢比后肢更重，也更长。它们的脖子长得不可思议，当它们涉进极深的水里，脖子依旧可以伸出水面几米，不停地寻找食物。它们平静地咀嚼着自己的晚餐，而岸上的食肉恐龙只能不开心地对着它们的晚餐望洋兴叹。

⬇ 梁龙与人类比例示意

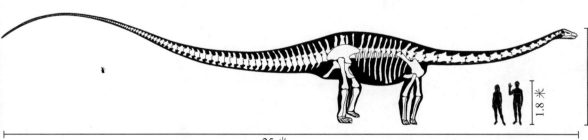

4米

1.8米

25米

这些笨重的动物都缺乏有效的自我保护方式，因此只能离群索居。只有少数几种恐龙长着细长的尾巴，会用它来驱赶敌人。当时的海岸和河口跟现在佛罗里达州的湿地并没有什么不同。恐龙栖息其间，过着相对安静的稳定生活。它们的工作就是找到足够的植物来养活自己庞大的身体。它们用钝爪和牙齿翻动青草，然后一口吞下，从不咀嚼。它们体内有个砂囊样器官，里边装着石头，可将食物碾成可消化的糊状。在化石中，这些石头依旧保留在它们的肋骨之间。有些古生物学家认为，它们是世界上最成就斐然的老饕。当然，它们肯定具备每天消化好几百磅植物的能力，但它们的胃口似乎与庞大的体形并不匹配。它们很可能和爬行动物一样：冷血、迟钝、饮食节制。

⬆ 巨太龙（目前命名尚有争议）。它可能属于非洲重龙或梁龙的一种，是当时体形最大的恐龙，前肢比后肢更重，脖子长得不可思议

尽管这些两栖类恐龙的体格令人印象深刻，但实际上它们是弱者。它们的体重已经远远超过了自己的力量所能承受的范围。在陆地上，它们几乎软弱无助。但令人惊讶的是，它们的分布范围非常广。两栖类恐龙是从三叠纪一些不起眼的肉食性恐龙进化而来的，在早白垩世时期的北美大陆上达到巅峰。到晚白垩世时，它们已经入侵了南美洲、印度、非洲和澳大利亚。然后，就像罗马城不断扩张导致覆灭一样，它们也陷入了灭绝。

肉食性恐龙和两栖类恐龙都在远古的世界里留下了自己的标志，而尾部类似鸟类的恐龙也在书写着自己的进化史。它们自始至终都是素食性动物，和尾部类似鳄鱼的亲戚一样，也衍生出了各种各样的类型。其中，有一些是古往今来生命舞台上

⬆ 小型鸟脚类恐龙
化石。它们的尾部
和脚都类似鸟类

出现过的最怪诞的动物。从三叠纪地层中只发现了这类生物的少数几处遗迹。素食性恐龙最初体形较小，尾部和脚都类似鸟类。鸟脚类恐龙最早的完整化石记录是在西欧的侏罗系岩石中。

千百万年前的某一天，第一批自命不凡的比利时居民——一群翼龙遭遇了意外事故。17 只翼龙去探索一道深深的岩石裂缝，不幸被困在了里面。它们死掉了，尸体被坍塌的岩石壁埋在下面，然后度过了漫长的岁月一直保存到今天。但时光总能从不幸中提炼出幸事，为科学送上一个卓越的物种所留下的精彩记录。

翼龙是身长超过 9 米、身高达 4.5 米的大型动物。它们和肉食性恐龙一样，用后肢走路。翼龙身体笨重，不够优雅，很少用四肢同时着地。它们出没于沼泽地带，用类似鸭喙的坚硬嘴巴翻动泥土。它们牙齿很多，适合撕裂坚韧的植物。翼龙的四肢末端呈蹄形，适合跑动，扁平的尾巴则有助于解决在水里的移动问题。它们每只爪上都长着一根特别尖的长指，这是翼龙唯一的自卫武器。幸而它们动作敏捷，很少需要这个工具。

随着时间的推移，鸭嘴龙也不断繁衍出多种类型，并分布到世界各地。其中，最出名的是糙齿龙。它们在白垩纪时生活在北美大陆西部。糙齿龙极其擅长游泳和奔跑。它们留下了几个引人注目的木乃伊化石标本，包括骨头、皮肤，以及肌肉和肌腱的痕迹。它们的皮肤并不比蛇更厚。当霸王龙靠近的时候，糙齿龙唯一能够发挥的英勇行为就是小心谨慎。

和种群中的其他恐龙一样，糙齿龙也要在水草茂密的沼泽地寻找食物。和其他许多恐龙一样，它们的上颌也延长变成了无齿的喙。但下颌却长着有史以来所有动物中最令人印象深

⊙ 翼龙。它们是一种爬行动物，是第一种学会飞行的脊椎动物

刻的一排牙齿。它们可以毫不羞涩地夸口说，自己长着整整 2000 颗牙齿。这些牙齿适合切割粗糙的植物，而且磨损之后还会有新的牙齿迅速长出来填补空缺。

后来，从这样的生物中孕育出了放弃飞行、选择武装的恐龙。开始时，它们装备简陋，只有类似鳄鱼皮的保护鳞甲，但逐渐进化出了大块的甲胄。这些甲胄十分有效，霸王龙对它们的威胁就和蚊子对铁皮屋顶的威胁差不多。

剑龙是这种长有甲胄的恐龙的骄傲，是在侏罗纪快结束时突然出现的。剑龙的身体比大象还大，几乎和角蟾一样多刺。它们的尾巴翘上了天，鼻子拱到了地面，就这么笨拙地走遍了欧洲和美洲大陆。它们的背部边缘从头到尾排列着两排巨大的骨质板，而角质结节则强化了它们的皮肤。即便

⊙ 糙齿龙复原图。它们是鸭嘴龙的一种，擅长游泳和奔跑，是一种素食性恐龙

有素食性恐龙的灵魂，有时它们也会燃起熊熊怒火，这就是生物的本性。

在侏罗纪晚期还出现了另外一种恐龙——橡树龙。它们身高超过 4.3 米，后腿长而有力，奔跑的速度很快，并且坚硬的尾巴也有利于其保持身体平衡。在遭到食肉性恐龙的袭击时，这种修长的"鸟腿"能够帮助它们迅速逃离。

在白垩纪早期，禽龙华丽登场了。它们身长 9 ~ 10 米，高 4 ~ 5 米。前肢末端有一尖爪，这也是它们最典型的特征之一。这个尖爪像一把短剑，可以用来抵抗掠食者，也可以用来打开水果与种子。当真正遇到敌人的时候，它们肯定会首先选择逃跑。禽龙后肢很发达，尾巴长而粗，起着保持身体平衡的作用。它们有很特别的前掌，朝上长着硬如尖钉的爪子，并与掌的其余部分形成直角。禽龙的牙齿有锯齿状刃口，类似鬣蜥的牙齿，但较大。禽龙在它们生活的那个时代，大概相当于现在的斑马和大麋鹿在自然界中的地位。

角龙是四肢行走的素食性恐龙。它们的头骨后部扩大成颈盾，多数生活在白垩纪晚期。鹦鹉嘴龙即属角龙的祖先类型。

⬇ 剑龙。它们体形巨大，素食性，群居。它们背上有两排巨大的骨质板，以及尾巴带有四根尖刺，以此来防御掠食者的攻击

⊕ 艺术家笔下的禽龙

它们是一种小型的素食性恐龙，因生有一张酷似鹦鹉的嘴而得名。成年的鹦鹉嘴龙最长可达 1.5 米，一般体长在 1 米左右。它们两足行走，头短宽而高，吻部弯曲并包以角质喙。鹦鹉嘴龙颧骨高并向外伸出，颧骨发达。它们的牙齿呈三叶状，牙冠低，颈短。这种小型恐龙在亚洲大陆分布很广。它们体形虽小，却很灵活。它们的繁殖力颇强，有很多化石遗留下来。

角龙家族的明星成员是三角龙。三角龙是最晚出现的恐龙之一，经常被当作晚白垩世的代表化石。三角龙是一种中等大小的四足恐龙，全长 8 ~ 10 米，臀部高度约 3 米，重 6 ~ 12 吨。它们有非常大的头盾，以及三根角状物，令人联想起现代的犀牛。虽然没有发现过三角龙的完整骨骼，但它们仍因从 1887 年起被人类发现的大量部分骨骼标本而著名。长久以来，关于它们三根角状物及头盾的功能尚有争议。传统上，这些结构被认为是用来抵抗掠食者的武器，但也有理论认为这些结构可能用于求偶，以及展示支配地位，如同现代驯鹿、山羊、独角仙的角状物的作用。在食草性恐龙中，三角龙算得上天生的斗士。有些三角龙的头盖骨都被刺穿了，很可能是在求偶斗争中被对手刺穿的。有证据表明，很多三角龙头骨上的角在战斗中折断过，后来又愈合了，这也正是生命这场永恒戏剧的缩影。

➲ 三角龙。它们是最晚出现的恐龙之一，有非常大的头盾以及三根角状物

　　大约 7000 万年前的某个夜晚，月亮正俯瞰着地球。现在的怀俄明州的西部边界高高隆起，形成了一道内海的海岸线。在海边的湿地上，夜晚的空气甜美而湿润，棕榈等常绿植物静静地伫立在天空之下，只有一只三角龙在走动——它在寻找食物。

　　突然，觅食中的恐龙抬起了头。雷声在无边的黑暗中隆隆作响，愈近便愈加洪亮。一片乌云从小丘背后升起，迅速现出霸王龙的可怕模样。这个动物暴君猛地一跃，牙齿和爪子就深深地扎进了猎物柔软的背部，但三角龙也把角对准了自己的目标。结果，它们在饥饿和仇恨中一同死去了。只有天上的明月依旧俯瞰着大地，对此无动于衷。

　　在当时所有的素食性恐龙当中，只有三角龙能与那些肉食性怪兽相匹敌。可能正是这个原因，三角龙和肉食性恐龙在那个时代结束时都消失了。但它们之间的战争并不能解释所有恐龙灭绝的原因。生存就意味着斗争，但生命总是有办法延续下去。原始的尖齿类哺乳动物会袭击恐龙的蛋和幼兽，但这也无法解释为什么所有的恐龙都成群结队地灭绝了。到那个时代结束时，陆地海拔已经升高，积水流进海洋，沼泽渐渐消失，而几乎所有我们所知的恐龙都曾在这些沼泽中漫游过。对爬行动物极具威胁的冷空气缓缓侵入大陆。毫无疑问，在恐龙灭绝之前，世界对它们已经不再友善了。但是，为什么没有任何恐龙在其他地方找到天堂，这依旧是个未解之谜。

或许大自然对所有物种和所有个体的生活都设下了限制。随着原始动物的崛起、倍增和多样化，它们适应了特殊的生活环境，但也随后灭绝了。这一切全都和有史以来所有灭绝的生物一模一样，没有人知道大自然为什么对这种模式如此热衷。

　　没有人知道为什么恐龙最终灭绝了，或者就这一点来说，也没有人知道它们是如何获得力量的。我们确切知道的是：它们是第一种在陆地上取得显著成功的动物，并曾占据地球超过5000万年之久，比古往今来其他任何动物的统治时间都长，而且它们的统治也很成功。尽管时光已经流过它们的累累白骨，死神也已剥光它们的肉体，却始终不能磨灭它们的荣耀。死亡是所有生命都必须付出的代价，在这个限制之下，恐龙与命运做了特别成功的交易，它们度过了充实的一生。

⊕ 多塞特化石海岸（英国）。在这里人们发现了大量属于侏罗纪那个猛兽时代的岩石遗迹

第十一章
被遗忘的海洋爬行动物

水是生命之源。在它进入大气、渗入地表干裂的孔洞之前，生命是不可能出现的。所有种族、所有个体的历史都能追溯到水。水的母性活力为生物提供了肉体、食物和居所。要是地球上没有了水，细菌和人类都会崩溃，化作尘埃。

⬇ 如果没有水，剩下的将只有日益干裂的伤口

有些生物爬出了大海，但它们只是不再把水当作栖息地而已。它们仍然需要水来构造和补充身体组织，这种需求永远无法摆脱。即便是最极端的陆地生物，也总是以这样或那样的方式与河流、湖泊、沼泽或海洋联系在一起。

脊椎动物戏剧性的"出海洋记"并没有让大海变得荒芜起来。那场袭击了海洋居民、击倒了所有海洋物种的革命❶也没有杀死所有对陆地的呼唤置若罔闻的生物。面对外界未

❶ 形态各异的海绵。海绵是世界上结构最简单的多细胞动物。海绵动物的形状千姿百态，有片状、块状、圆球状、扇状、管状、瓶状、壶状、树枝状等

知的诱惑和内部的死亡威胁，大海依旧保护了相当一部分子孙。在最伟大的生物将各自的美名远播大陆之际，最卑微的生物同样在海里建造了一座纪念碑。在侏罗纪时期，随着海水的漫延，单细胞原生动物在友善的浅滩上产下了数十亿计的卵。它们中有些住在石灰岩的漂亮小"房子"里，每座"房子"都比一粒尘埃小，却被赋予了时代的力量。死亡摧毁了这些小生命，并把这些"房子"交给风、海浪、水流和地球引力等"车夫"，它们会把这些微小的货物聚积成塔。这些沉积物无惧毁灭，虽然海底已经抬升为山脉了，但它们至今依旧屹立在被遗忘的海底"航道"上。我们在阿尔卑斯山的红色燧石和页岩中能看到它们，而在多佛尔和迪耶普的白垩纪白色悬崖中尤其明显。❷我们若在

---

❶ 指阿巴拉契亚革命，即古生代阿巴拉契亚高地的崛起所引起的大动荡。
❷ 多佛尔（Dover）是英国肯特郡的一个海港，距离法国加来港仅 34 千米。迪耶普（Dieppe）是法国临英吉利海峡的港口都市。两地均以白色悬崖著称，悬崖由白垩和黑色燧石条纹所组成，由东向西蔓延。

⊕ 珊瑚　　月光下打马穿过美国西部沙漠，就会在孤丘上看到它们，它们宛若幽灵一般，仿佛还在展示着某种已经消失的繁殖力。这种沉积物完全或部分由数量极多的单细胞动物的骨骼构成，以至于单个细胞生物已经显得无关紧要了。但整体而言，单细胞生物给所有的时代、所有的岩石和地球上的广大区域都打上了它们的烙印，并令人印象深刻。所以说，由于命运的突发奇想，荣光有时也会降临在那些谦卑的生物头上。

在海洋生物的各种生存道路上，跟在阿巴拉契亚革命悲剧之后的是复苏。海绵在三叠纪时期曾经备受冷落，但到了侏罗纪又重获新生。在中生代中期，海水淹没欧洲大陆，把它变成了群岛，当时水中的海绵数量多，种类多样。同样在三叠纪，无论在什么地方，现代珊瑚都取代了古生代珊瑚。后者迅速消失，而前者却在侏罗纪和白垩纪长成了繁茂的珊瑚礁。尽管在古生代结束时，大部分固定不动的多刺动物都灭绝了，但能够自由运动的海星和海胆却继续前进着。后两者达到的完善程度是它们那些罕见而原始的祖先根本无法预料的。灯笼贝未能重振雄风，但蛤类软体动物的身上却盖上了新的外壳，有了新的荣光。牡蛎是无脊椎海洋动物的骄傲，它们天赋有限，却在中生代最大程度地利用了自己微薄的资源。蜗牛也进化了，它们在整个古生代都受肛门和嘴离得太近的身体之苦——或许还有精神之苦。而在中生代，许多蜗牛长出了一根长管子，这样能把身体废物排到与嘴的距离更合适的位置。

螺旋状头足类动物的身体形态和纹饰都显著增加，并极富多样性。它们是中生代最典型的无脊椎动物，就像古生代最典型的是灯笼贝一样。到中生代即将结束时，它们就消失了。衰老的物种退化了，很多都松开了螺旋。除了顽强的鹦鹉螺，其他螺旋状头足类动物都随着时代一起湮灭了。

它们生活过的地方如今满是进化到现代的软体动物。墨鱼和枪乌贼的祖先们追随着脊椎动物，把骨骼"搬"到了体内，这标志着软体动物开始转运了。它们抛弃了沉重的外壳，因而变得更加积极活跃起来。其中有些还装备了墨囊，在敌人压迫太甚时就喷出墨汁以自保。这些动物留下了大量的骨骼化石遗迹，骨骼均呈特有的雪茄形，这充分证明了它们当时的成功。尽管到白垩纪结束时只有一种软体动物活了下来，但它们的后代——枪乌贼和章鱼——在今天的大海里依旧是最强大的无脊椎动物。

◐ 鹦鹉螺。它们是生命力顽强的螺旋状头足类动物，至今仍活跃在海洋中

◐ （左）章鱼。它们属软体动物门头足纲，有8个腕足

◐ （右）枪乌贼。它们又称"鱿鱼"，属软体动物门头足纲，有吸盘

到了中生代，古生代强大的三叶虫和海蝎子被我们更熟悉的甲壳动物取代。长尾龙虾和短尾螃蟹遍布所有海洋。每块土地上都挤满了各种各样的昆虫，侏罗纪时代尤甚。但它们中还不包括靠花粉和花蜜为生的昆虫，这时的大地上还没有出现花朵。

鲨鱼在古生代中期曾兴盛一时，到古生代结束时却几乎彻底灭绝了。不过它们的种族有着特殊的恢复能力，进入中生代时间不长，它们就从衰落中重新振作起来，运气也变得更好了。有些鲨鱼在海底轻松狩猎，结果它们变成了扁平状，颜色也变得和沙滩一样。它们的牙齿长得很密集，使其咬碎猎物脆弱的外壳时，就像压路机碾碎沙砾一般。其他鱼类对它们丝毫没有起疑心，而它们也像影子一样在鱼群中游荡。这种伪装行为无比成功，如今的鲨鱼和鳐鱼用起来依然有效。

肺鱼显然在古生代就耗尽了全部能量，现在只是苟延残喘。硬鳞鱼也同样被陨灭的阴影所笼罩。但是，它们孕育了一种新的鱼类，用真正的骨骼取代了祖先骨架中的所有软骨。就这样，硬骨鱼在侏罗纪崛起，并奠定了自己在鱼类世界中的领导地位。到了白垩纪，包括鲱鱼、鳕鱼、鲑鱼在内的巨大鱼群已经散布到所有海域。今天的鲈鱼、鲇鱼和我们所熟悉的其他鱼类也都发育成熟。硬骨鱼不仅迅速获得了成功，而且它们的地位自那时起就从未动摇过，一直胜利地游到今天。

虽然中生代的很多两栖动物和所有爬行动物都有肺，让它们能自由地在空气里消磨时间，但它们并没有在陆地上找到幸福。当时食物匮乏，假如狮子能吃到好东西，那么绵羊就只能挨饿。为了躲避死神，很多弱者回归到水中，而很多强者也由于生来爱吃海鲜，同样被诱惑到了水中。恐龙栖息在低浅海岸边的沼泽当中，就算不能说它们是长久地回归了故乡，至少也算寄居在那里。其他的一些爬行动物则重新适应了海洋生活，适应的速度甚至连鱼类也无法望其项背。

中生代的某些海生爬行动物完全可以跻身有史以来最了不起的动物之列。肺和腿是动物在陆地上最大的资本，但到了水里就成了最大的累赘。要是海生爬行动物的其他器官——特别是神经系统——没有随着它们在陆地上的生活经验而进化，它们恐怕都没办法回到水中。它们中有许多从未

冒险进入过湖泊、潟湖和河流，但死亡逼近时就不得不铤而走险。所以，一些爬行动物开始划动四肢，学会了游泳。有些极擅此道，只有产卵时才会回到岸边。有几种爬行动物甚至长出了鱼鳍，再也没有回到陆地上。它们和哺乳动物一样，用胎生的方式生产，水在 10 分钟之内就能轻松把它们淹死，它们却在水中度过了整整一生。

　　部分原始的前恐龙家族在二叠纪抛弃陆地，进入了海洋。它们证明了一句话：理想是丰满的，现实是骨感的。当时爬行动物刚刚摆脱了水的束缚，它们面前呈现出一个全新的世界。强者还没来得及发现自身潜在的可能性，而弱者认识到自己的局限性总是比强者要快得多。部分前恐龙家族很快就发现，陆地不是它们的理想之地，它们没法在那儿过上好日子，所以它们回到了祖先的水中故乡。它们的回归引领了一大批脊椎动物的回归。这是一群梦想破灭的冒险家，数量众多，种类多样。自二叠纪以来，共有 25 种脊椎动物放弃了在土地上占有

🔵 史前硬骨鱼化石。硬骨鱼体内至少有一部分是由真正的骨组成，现存的绝大多数鱼类都是硬骨鱼

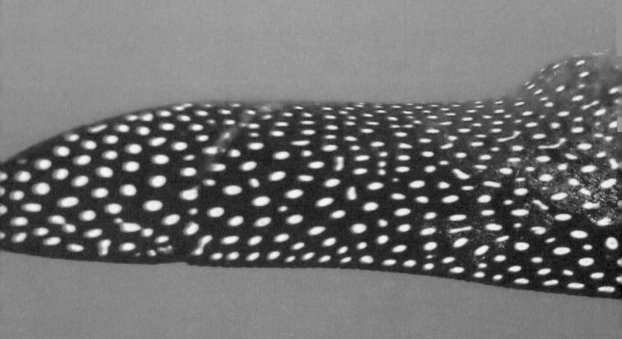

虹鱼。它们又称为鲼
鱼，是于侏罗纪时期
出现的鲨鱼的同类

❶ 海龟。海龟又称
"绿海龟",是在海
洋中用肺呼吸的爬
行动物

一席之地的斗争,回归到了祖先曾居住过的海洋。其中有 7 种
爬行动物是在爬行动物统治地球时期回归的,它们是残忍的古
老戏剧的主角。这场戏不能仅仅用"人类对人类的不人道"❶
来概括。

中龙是最著名的二叠纪水生爬行动物,它们似乎更喜欢淡
水。它们会让人想到现代的鳄鱼,但是其头部和颈部更长更细,
牙齿也更多,呈针状。它们短小的后肢
上长着宽宽的脚蹼,尾巴则像根灵活的
长鞭子。当时的爬行动物种群过度拥挤,
营养不足。这种动物的祖先在陆地上不
过是其中的多余分子罢了。但到了水里,
没有动物能与它们竞争。因此,中龙在
巴西和南非的河流里尽情享受生活,即

❶ "人类对人类的不人道"一语最早出自 18
世纪的苏格兰诗人罗伯特·彭斯的《人生而为
悼念:一首挽歌》。这句话在之后广为流传,
被许多名人名著引用过。中国人所熟知的《友
谊地久天长》歌词就是彭斯的不朽之作。

便并非进步分子，至少过得幸福快乐。

随着中生代的到来，海生爬行动物在数量和体格大小上都能与恐龙相媲美了。蛇颈龙在这一世代中蓬勃发展，现在已经知道百余种蛇颈龙。同时，每年都会发现新品种。到侏罗纪，地球上的每片海洋里都有了它们的身影，不过它们中最华丽的代表要到早白垩世才会出现。

蛇颈龙流传甚广的形象一直是胖胖的身体和长长的脖子。要描绘一只典型的蛇颈龙，就是在一只乌龟的头颈处加上一段蛇的身体，而它身体的剩余部分则是乌龟的样子。这种描述十分准确，虽然可能不太可爱。这种动物有着各种各样的身体形态，但它们都与这种混合解剖结构相差不远。

水生动物有两种在水中前进的方式：一种是利用尾部，另一种则是利用鳍或鳍状肢。第一种方式最能干的代表是硬骨鱼类。当蛇颈龙离开大陆进入水中时，它们没有继续采用祖先的蠕动方式，而是改用四肢运动，因此成了第二种运动方式最高效的代表。鱼类用尾巴驱动前进，用鳍保持平衡和掌舵，而蛇颈龙则用四肢驱动前进，尾巴只用来控制它们的运动。这种习

🔻 中龙化石（保存于休斯敦自然科学博物馆）。中龙是最早下水的爬行动物，主要生活在溪流和水潭中。它们很少上岸，特别爱吃水里的鱼

惯上的差异导致了它们的外观差异。靠尾巴驱动的动物进化出了灵活的宽尾巴和较小的四肢，四肢大小不等。靠四肢驱动的动物则长出了不灵活的圆尾巴，四肢较大，大小几乎相等。

由于蛇颈龙要在水中划动，所以不再像陆生的祖先那样长着具有五指的爪。它们四肢的骨头增加了，变成了宽而平的桨状。这种短尾的水生动物在追逐猎物时无法迅速转身，因为它们需要伸长脖子才能咬住逃跑的猎物。因此，大自然让一些蛇颈龙长出了有记录以来最长的脖子。长颈鹿的脖子是由 7 节颈椎延长而来的，而蛇颈龙的脖子则是通过增加新椎骨得来的。有一种蛇颈龙可以得意地说自己的颈椎里有 76 节椎骨，这大概是有史以来最华丽的脖子了。但也有一些蛇颈龙的颈椎只有 13 节椎骨。

几乎所有的蛇颈龙都长着类似蛇的小头和短剑状的爪子。它们像鳄鱼一样撕裂食物，从来不会像蛇那样把食物整个儿吞下。它们会吞食鹅卵石，以便把猎物的外壳和骨头磨成可吸收的糊状物。在堪萨斯州发现的一头蛇颈龙胃里有来自南达科他州的鹅卵石，这证明它是个强壮的游泳好手，漫游范围十分广阔。这些动物的化石在世界各大洲都有发现。它们完全是为海洋生活而生的，能战胜任何能想象到的敌人，面临世界上任何可能的威胁都能游开。但是，和其他恐龙一样，它们也随着时代的变迁完全消失了。

尽管蛇颈龙非常适应外海中的生活，但中生代爬行动物中的至尊水手却是鱼龙。这些"鱼类爬行动物"完全采用了鱼的身体形态，导致不止一个生物学家相信它们是鱼类的后

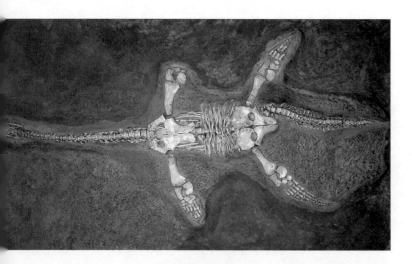

⊕ 蛇颈龙化石，出土于英国。蛇颈龙是大型水生爬行动物，头很小，脖子细长，身体宽阔，有大且细长的鳍状肢

蛇颈龙想象复
原图

代。我们现在知道,它们身体里的所有基本结构都是爬行动物
的。类似鱼类的身体形态只是在进入大海之后才出现的,并随
着它们在水里待的时间越来越长而不断完善。

鱼龙终生都是靠蠕动前进的,这一点和蛇颈龙完全不同。
随着这种运动方式的完善,鱼龙的尾巴也臻于完善。它们最早
的尾巴形态是细长的,嵌在窄鳍里;后来,尾巴变得越来越短,
尾巴末端的尾鳍也变短、变高;最后,尾鳍完全变成了对称的。
虽然鱼龙和鱼类在血缘上毫无关系,但它们都采用同样的游动
方式,所以尾鳍和鱼类的尾鳍极其相似。

鱼龙的整个身体都被改造成在水中运动时阻力最小的形态,
头和下颚变长了,脖子和尾巴变短了。有些种类的鱼龙,眼睛
像人头一样大,非常有利于觅食和警戒。它们的下巴足足有 1.5
米长,嘴里长着整整 200 颗牙齿,这足够让它们用于防御了。
它们的四肢也和蛇颈龙一样变成了桨状,但前肢比后肢要大得
多。两对肢体都用于平衡、倒退和转弯。

到晚侏罗纪时期,海洋里已经布满了鱼龙。它们的长度从

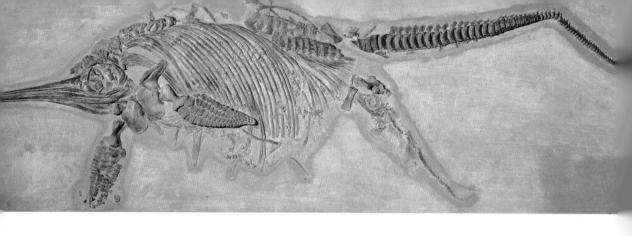

鱼龙化石

60 厘米到 12 米不等，身体光滑而柔软。它们像现代的海豚一样优雅地掠过水面，也和海豚一样成群结队地出行。对它们来说，没有哪片海太深或太宽广，也没有哪场暴风雨太大或太动荡。它们完全适应了自己要过的生活。从几块在怀孕期死亡的雌性鱼龙化石的卵巢中，我们发现了尚未出生的幼体。其中，有一只雌性鱼龙的肋骨内有 7 只正处在胚胎状态的鱼龙，全部完整无缺，大小和种类非常接近。这类证据十分丰富，证明鱼龙已经抛弃了普通爬行动物在陆地上产卵的习惯，转而直接在大海中生下幼崽。它们不需要再上岸，大概也从来没有上过岸。这是完美的海洋生物进化中的最后一环。大自然完成了不可能完成的任务：它把一辆陆地上的"车子"改造成了有史以来最优秀的"船舶"之一，然后随手将自己的美丽造物沉到了无法打捞的海底，任其灭绝。这是多么大的讽刺！

今天，鳄鱼在爬行动物界占据着领导地位。这证明了在地球上荣耀是相对的。在中生代，巨大的爬行动物无处不在，当

鳄鱼

时鳄鱼的重要性根本超不过桥牌里的第五手❶，完全引不起注意。它们中的大多数只是静静地在湖边、河边和海边生活着，还有的泡在酸臭的池塘里，并在陆地上产卵。

在众多的鳄鱼中，有一种鳄鱼跟上了时代潮流，让自己脱颖而出。它们最初住在像密西西比河般的大河的泥水里，后来进入了外海。它们的皮肤失去了骨质的甲胄，牙齿因为捕捉大海中迅速游动的鱼而变得锋利，身体也变长了。它们的尾巴末端长出了原始的鳍，用于游泳，前肢则变成了粗糙的桨状。由于它们从来没有获得在外海直接产崽的能力，所以后肢上还长着陆地动物的无蹼脚趾。它们冒了险，但是还不够。它们始终不是蛇颈龙和鱼龙的对手，所以很快就灭绝了。

❶ 象龟。它们是世界上最大的陆龟，以其腿粗似象而得名，其背甲长度可达 1.8 米

乌龟可能是地球的子孙里最不受重视的了。没有人会对乌龟感兴趣，也没有人看到它们会很开心，但乌龟可能是脊椎动物里最怪异的一个。它们的外壳是脊椎和肋骨融合在一起的产物。当乌龟把头、脚和尾巴都缩进外壳时，就完全被自己的肋骨包围了。这一壮举还没有其他任何动物能够做到。此外，乌龟也因它们漫长而完全黯淡无光的种族史而出名。它们在三叠纪出现时，就已经是现在的样子了，并一直保持到今天。还有，它们是唯一不会牙痛的爬行动物，因为它们的祖先多年以前就失去了牙齿。所以，乌龟应该因为自己独一无二的特征，而在世界上获得更好的地位才是。就算一个人无法分辨马和骡子，

❶ 众所周知，桥牌是四个人打的，第五手等于完全是看客，其重要性就可见一斑了。

他总是会认识乌龟的。

虽然乌龟更喜欢沼泽和河流，但大海里从不缺少它们派出的使者。到白垩纪结束时，一群乌龟已经在大海里取得了极大的成功，它们长到了三四米长，重量超过 3 吨。为了活动更自由，它们外壳的一部分消失了，同时前腿扩大，变成了巨桨。现代的海龟就是它们的后代。它们上岸只是为了产卵。天敌会等待着它们登上陆地，其中很多生物正是靠它们的卵维生。据说，有些种类的雄性海龟从不上岸。它们显然对骑士精神这种事一无所知。

现存的爬行动物基本上是蛇和蜥蜴。尽管身体形态不同，但它们的嘴巴都可以大幅运动。它们的下颌骨连接在一对骨头上，可以向前、向后和向两侧做幅度相当大的运动。蛇直到白垩纪晚期才出现，并且绝大多数生活在陆地上，但很可能也会爬树和游泳。而海蛇，如今天印度洋中的海蛇，显然是现代才出现的新物种。因为它们的化石记录很少。蜥蜴差不多也是在白垩纪出现的，但和蛇不一样的是，它们孕育了一个种群，这个种群能跻身最强大的地球居民之列。

⬇ 蜥蜴。目前全球大概有 3000 多种蜥蜴，它们形态各异，色彩变化多端，部分品种深得人们喜爱，成为人类的宠物之一

对中世纪的水手来说，晚白垩世的沧龙或海蜥蜴就是最疯狂的噩梦。它们和大海里其他的巨大爬行动物一样，也来自大陆。它们有的长达 12 米，巨大的头部和嘴巴上长着向后弯曲的凶恶的牙齿，几乎已经武装到了极限。它们的腭骨中间相连，因此可以吞下比自己的嘴巴周长大得多的东西。其他水生

↑ 巨大的沧龙化石
（保存于加拿大化石
探索中心）

动物都不曾有过这些海洋怪物的实力。它们身体纤细，长着短脖子、长尾巴，完全是为速度而生的。在它们的进攻面前，最强大的鱼类轻易就败下阵来，游动最快速的鱼类也迅速被超越。沧龙集优雅、力量、敏捷于一身，它们是这些素质最精妙的体现。然而，尽管它们风靡一时，但存世时间极短，在它们诞生的时代结束之前，沧龙就灭绝了。

随着沧龙的灭绝，海洋的荣耀年代也就消失无踪了，大海中再也没有孕育出这么多光辉灿烂的生物。这些古代水手的诞生和死亡，都被神秘的力量控制着。我们知道它们中绝大部分来自陆地，却不知道它们如何诞生、为何灭亡，也不知道为什么它们的荣光从未再现。它们中很多已经湮灭，没有留下任何后代。只有少数几种留下了远不及祖先的后代，并因此被铭记。中生代海洋中最强大的居民源自陆地上的失败者。为了安逸与和平，它们进入了大海。它们找到了安逸与和平，却没有任何一个孕育出比自己更强大的生物。在一个进步与幸福永远无法兼得的世界里，它们选择了幸福。今天，它们都已灭绝，都被遗忘了，但谁又能说它们做出的选择不正确呢？！

第十二章
会飞行的脊椎动物

梦想成真之地就在地平线以上。原生质一直被骚动的欲望驱使着，追求它所没有的东西。海洋和大地从来都未曾平息肉体的躁动。在从海洋中崛起并征服陆地之后，脊椎动物开始渴望着天空中更广阔的世界。

从鱼类到人类，各种类型的脊椎动物都尝试过飞行。自二叠纪至今已经有超过 30 种不同的尝试，但由于空气轻而骨头重，生物的飞行史上布满了失败的伤痕。自生命诞生以来，没有任何生物飞上过理想的巅峰——也就是说，能够完全不再回到地球表面。每个时代最优秀的飞行家都不得不回到地上或海上去休息。

如果把身体比作一架无引擎滑翔机，那么不擅此道的动物的飞行性能从来都不怎么出色。有些只能从树上跳下来，靠支

⤵ 在空中飞翔的鸟类。鸟类承担着生命对天空的梦想，第一次成功地飞翔在云端。而人类则紧随其后，成为第二个飞上天空的物种

撑膜滑行到地面上；其他一些则学会了随风飘荡；只有少数几种动物学会了真正的振翅飞行。

在今天的脊椎动物中，能够看到各种动物的飞行能力。每片热带海洋里都有飞鱼。为了不断追逐青花鱼和金枪鱼，它们一次又一次跃向空中。这些非凡的小动物能在稀薄的"空气之海"里飞过几百米的距离，然后才筋疲力尽地落回密度更大的海洋里。它们常常飞得太高，以至于落在过路船的甲板上。飞鱼是用有力的尾巴猛推海水跃出水面的。它们在空中的运动一部分靠振动巨大的前鳍，另一部分则利用有利气流上升。比起在空中寻找安全之所的祖先，它们进步了 10 倍之多。飞鱼从来都不是最好的飞行家，但也绝不是最差的。实际上，哪怕它们只能飞过一点儿距离，都十分不易，因为它们离开水之后根本无法呼吸。

两栖动物天性喜爱泥沼，但也不是完全没有飞行的愿望。树蛙就抛弃了沼泽，住到了更宽敞也更危险的树冠上。大自然放下架子，给树蛙的四只蛙脚各加了一块具有黏附作用的垫子，从而减少了从立足之处滑落的危险。大自然还在它们的脚趾上

飞鱼。它们能够跃出水面十几米，在空中停留的最长时间是 40 多秒，飞行的最远距离有 400 多米

（左）飞翔的树蛙。树蛙的四肢有发达的蹼，能充当滑翔膜。它们在树枝间跳跃滑翔，可能蕴藏了翅膀的起源

（右）飞龙

都安了蹼。这些蹼可以让树蛙在树枝间跳跃时将其当作原始的降落伞。对真正的飞行家而言，树蛙充其量不过是穷人版的滑翔机。它们的滑翔膜都不超过 20 平方厘米，但在它们身上却可能蕴藏了翅膀的起源。

马来西亚的飞龙是一种小蜥蜴，它们的肋骨从身体两侧伸展出去，支撑出一对翅膀状的薄膜。当它们落在热带雨林的树叶上时，会把"翅膀"像扇子一样收在身体两侧。而在跃起之前，它们会展开翅膀，半滑翔半下落地到达目的地。有些爬行动物的身体周围则横向生长着无须骨架支撑的坚韧的皮肤褶边。不过，这些动物都不能真正地飞起来，"翅膀"只是让它们在树上更加灵活，下落时不致受伤，并没有让它们变成真正的飞行者。

飞鼠。其前肢和后肢之间有一层像降落伞一样的膜连接，因此它们可以像滑翔机一样在空中飞行，远达 50 米

在脊椎动物中，只有鸟类从一开始就选择了空中生活，而且除少数外，其他鸟类一直坚持这么做。鸵鸟、企鹅和其他几种鸟类从未尝试过飞行，还有一些鸟儿——如家养的母鸡——偶尔也会飞到空中，吃力地短暂停留一会儿。大部分鸟儿都拥有独一无二的羽毛翅膀，能够在空中飞

138··

翔。在人类飞行员就飞行速度、时间和距离纪录展开竞争的很多年以前，鸟类就已经在各个方面达到了极高的飞行效率。家燕能以每分钟4千米的速度飞好几分钟；信天翁能在12天之内飞行4800多千米；秃鹫能飞到3千米以上的高空，在巍峨的山顶上、氧气稀薄的空气里高高飞翔。

为了不被鸟类超越，哺乳动物也不断尝试着飞行。如今，有好几种树栖哺乳动物都长着用于滑翔的皮肤膜。这种皮肤膜在它们的前肢和后肢之间伸展开来。飞鼠、负鼠、某些狐狸和狐猴在热带森林里为数众多，它们的飞行效率和邻居飞龙相差无几。虽然有13种不同的哺乳动物都曾寄希望于天空，但只有一种获得了令人满意的飞行方式：唯有蝙蝠长出了真正的翅膀，具备了持续飞行的能力。它们用延长的前肢支撑着翅膀，是所有生物中唯一这么做的，也是最怪诞的飞行者。但无论如何，在长有脊椎的空中狩猎者中，它们是仅次于鸟类的存在。

飞翔的愿望让生物长出了能够满足这种愿望的器官，但这种事在历史上只发生过3次。鸟类和蝙蝠是活着的纪念碑，代

⬇ 翼龙化石。翼龙是第一种能主动飞行的爬行动物。这是大自然最怪异的发明之一

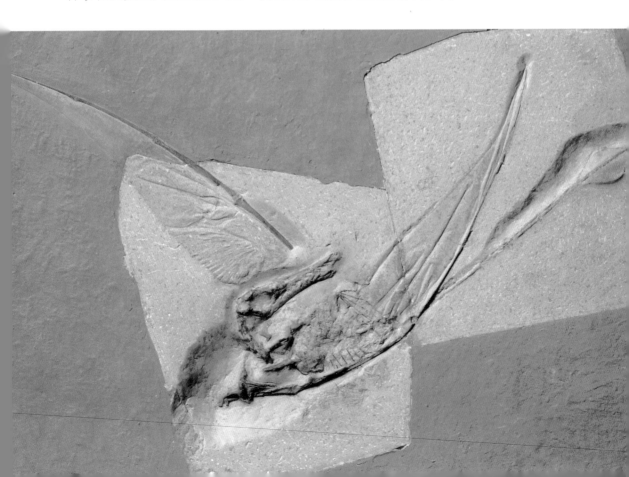

表着生物对天空的后两次征服，而第一次征服只能通过征服者的遗骨来追念。这种动物在亿万年前就灭绝了，没有留下任何身体组织。

18世纪末，人类精神的火焰点燃了法国人民惯有的热情。他们都忙着自相残杀，但居维叶只是安静地在他位于巴黎的实验室里工作，希望能让一种早已被遗忘的动物死而复生。[1]在巴伐利亚的索伦霍芬，人们发现了一些嵌在石灰岩中的骨头，十分特别。他耐心地试图把它们拼起来。1801年，他宣布发现了一种灭绝已久的动物。它们的外观很接近神话传说中想象出来的龙。他证明了这种伟大的生物属于某个一直被轻视的物种。这个种群充满了令人憎恶、低三下四、极其讨厌的生物。从那时以来，许多人扩充了我们对于飞行爬行动物的认识。今天，翼龙和翼手龙已经跻身最知名的动物行列。它们无疑是异想天开的发明家所能创造出来的最古怪的解剖学组合。

从侏罗纪的开端到晚白垩纪中期，翼龙巩固了爬行动物在天空中的统治力。它们的数量和种类都能和恐龙相媲美：有些翼龙小如麻雀，另一些则是有史以来靠翅膀运动的动物里体形最大的。所有翼龙的骨架都相对较小，骨头中没有骨髓，而是充满了空气。它们的第四根手指大大延长了，支撑着一对坚韧的翅膀。和蝙蝠一样，翅膀上也没有羽毛，四肢上另外的3根手指并不和翅膀相连，而是在爬上树枝时当爪子用。它们的头部长得很可笑，还武装着许多细长的牙齿，用来咬鱼。有些翼龙长着风筝飘带般的长尾巴，有些则尾巴很短，还有几种终其一生都没有尾巴。有些翼龙长着适合夜间狩猎的大眼睛，有些则只在白天飞行。它们身上都没有鳞片、羽毛或毛发。大多数翼龙的翅膀类似现在的蝙蝠，比同时代的原始鸟类要先进。有些翼龙冒险飞到了遥远的海面上，最终葬身于海洋爬行动物中间。

---

[1] 这里的"自相残杀"指的是1789—1794年间的法国大革命。居维叶指乔治·居维叶（Georges Cuvier，1769—1832），法国古生物学家、动物学家。他通过对许多现存动物与化石进行比较，建立了比较解剖学与古生物学。此外，他还建立了灭绝的概念，首先将化石标本定义为与现存生物种类具有相等分类学地位的"已灭绝物种"。同时，他也反对早期的演化思想，因为物种在地层中都是以突发性方式出现的，没有任何痕迹显示进化的过程。

● 无齿翼龙想象
复原图。无齿翼
龙有翅膀而没有
牙，小的只有麻
雀大小，大的翼
展可达 8 米

　　大自然在制造翼龙时，极其自由地改造了爬行动物的身体。每个器官都被改造得适合飞行，它们的头骨和脊椎依旧和其他爬行动物非常相似，但髋骨奇特地与恐龙的类似。翼龙的脑、肺、胸骨和肩胛骨与鸟类的很相似，尽管它们在血缘上并无关系。这些结构上的相似性完全是由生活习惯的相似性导致的。翼龙和哺乳动物一样有 7 个椎体，其他任何动物都不曾把这么多千差万别的特征组合到一起。这种骨骼大杂烩如果不是这么成功，本该是荒谬可笑的。

　　在堪萨斯州的上白垩统 ● 地层中发现的无齿翼龙，标志着会飞的爬行动物的最高成就。这种动物的翅膀超过 6 米长，是古往今来所有会飞的动物里最大的一种。它们的一个翅膀就能盖住现存最大的鸟类，骨骼的每个细节都是为飞行而设计的。翅膀、肩膀和胸骨非常有力，但下面的身体却很软弱。它们后肢细长，可能很少用到。在休息时，无齿翼龙像蝙蝠一样挂在悬崖和树上。它们的头部长达 1.2 米，很窄，几乎与脊椎垂直。在颈部前面是没有牙齿的颚和尖锐的喙；后面的颅骨延长了，起到平衡和转向的作用。

　　尽管无齿翼龙体积庞大，但它们的体重还不到 13 千克。据估计，它们飞行时只用了 26 瓦的动力，而兰利 ● 的第一架飞机每 17 千克重量就需要 1.1 千瓦的动力。所以，无齿翼龙是极具效率的飞行者，在空中可以像现代

● "统"是年代地层的一个单位，用来表示地壳上不同时期的岩石和地层。在地质学中，时间表述单位为：宙、代、纪、世、期、阶，对应的地层表述单位则为：宇、界、系、统、组、段。
● 兰利指塞缪尔·皮尔庞特·兰利（Samuel Pierpont Langley，1834—1906），美国天文学家、物理学家，航空先驱，测热辐射计的发明者。1896 年，兰利在华盛顿附近的波托马克河上进行了无人飞机模型的试验。该模型飞机从船上弹射起飞，飞到了 150 米的高空，滞空时间近 3 小时，共飞行了大约 805 米。这次飞行在航空史上被认为是比重大于空气的飞行器进行的首次持续动力飞行。

⊕ 兰利在波托马克河
上试验飞行的飞机

滑翔机一样利用风力。但在风平浪静的日子，它们可能就没法"发动"自己庞大的身躯了。和信天翁一样，它们也在海面上捕鱼。

翼龙在侏罗纪时期完全进化成熟。到最后消失的那天，它们也只是普遍失去了牙齿和尾巴，此外没有任何变化。我们对它们的祖先一无所知，只知道它们一定是爬行动物，与鸟类的祖先完全不同。在中生代结束前，大自然加在爬行动物身上的诅咒让翼龙消失了，就和它们的出现一样突然。

当翼龙在整个地球上展开胜利的翅膀时，另一种爬行动物却在学习飞行。它们躲在中生代的生命激流当中，悄悄地尝试着一种新的思路。最终，它们获得了与这种谦逊相称的伟大，将它们的使者——第一种鸟类——送进了生物进化的主流。这种小小的鸟类原型处在翼龙的阴影下面，并没有立即显示出它们的全部重要性。只有在最后的飞行爬行动物停止振动翅膀之后，它们才清楚地表明：鸟类已被选为未来的飞行者。

有羽毛的飞行动物是如何起源的，这个问题几乎完全靠猜测。因为这些动物的祖先，也就是最早进化出羽毛的动物们，已经消失在时间的迷雾中。鸟类的后肢和擅长奔跑的恐龙的后

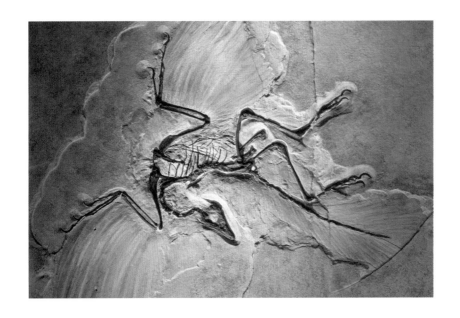

始祖鸟化石（发现于德国南部）

肢惊人地相似。这足以消除任何疑虑，确信它们源自共同的祖先。一些权威学者认为，在陆地上跑动和跳跃最终导致它们翱翔于空中；还有一些专家则认为，鸟类的祖先曾是爬行动物，它们和飞鼠一样，在支撑膜的帮助下在树枝间滑翔。

其实，曾驱使动物爬到树顶的力量可能会把它们赶到空中。因为大自然会让孩子们适应自己要过的生活，所以我们有理由假设，在树丛中跳跃的动物可能是飞行课的第一批候选人。鸟类的祖先类似蜥蜴，它们可能是通过在地面上迅速奔跑学会如何做垂直运动。但我们有理由相信，它们只是在过上树栖生活之后，才学会飞行。因为飞行比跑步更安全、更轻松。

所以，很可能始祖鸟的探险范围不断扩大，也越跳越远。它们发现当空气压力更强时，自己的鳞片就变得更长。每跳一次，它们的手臂就会伸得更长一点儿，最终变成了"降落伞"，"降落伞"上的鳞片不断变长、彼此重叠，使它们能利用的空气越来越多。慢慢地，它们

始祖鸟想象复原图。始祖鸟同时拥有鸟类及兽脚亚目恐龙的特征，被认为是最早的鸟类

❶ 孔子鸟化石。孔子鸟发现于中国辽宁省北票市，生活在 1.1 亿年前

的尾巴上也长出了巨大的鳞片，这些鳞片的边缘能划开空气。最终，这些鳞片的末端磨损了，变成了羽毛。爬行动物的脚趾和手指变成了原始鸟类的爪子，飞行让原始鸟类进化出强大的肌肉来挥动前肢，胸骨也扩张了，用以支撑这些肌肉。它们的活动量不断增加，羽毛层也慢慢变厚，这都增高了血液的温度。它们的肺扩张了，骨头里也充满了空气。时间和它忠实的追随者——失败——倏忽而过，但在它们身后，一只鸟儿充满自信地飞了起来。

人类已经搜索了上百年，但依旧没能比在上侏罗纪更早的岩石中发现鸟类的蛛丝马迹。目前已知的最早的鸟类化石来自始祖鸟❶，在上侏罗纪的地质记录中发现它们时，它们已经满身羽毛。对于它们的起源，我们唯一可以确定的是：它们的祖先是爬行动物，但并不同于飞行爬行动物。

始祖鸟并不比一只乌鸦大。它们的头又小又扁，和现存的任何鸟类的头都不相同。现在的地球上共有数千种鸟，但没有一种头部长有牙齿。而始祖鸟的上下颚都长着锋利的牙齿，这些牙齿是爬行动物留下来的遗产。它们四肢上的爪子都可以自由活动，并没有像现代鸟类一样互相连接。这也同样说明它们与爬行动物之间的亲缘关系。它们的胸骨还很软，尾巴还像爬行动物一样长，而没有变成扇形，说明这一种群的飞行历史还很短。但它们翅膀和尾巴上的羽毛说明始祖鸟已经是鸟类了。其他任何种类的生物都不曾长出过这些独特的羽毛。

❶ 目前认为，发现于中国辽宁的孔子鸟和辽宁鸟可能更早于始祖鸟。——译者注

虽然作为一个伟大王朝的缔造者，始祖鸟只留下两个标本和一根孤零零的羽毛作为纪念，但在侏罗纪时期一定生活着大量的爬行鸟类。鸟类的骨骼是脆弱的，很容易受到天气影响，在鸟儿被埋葬成为化石之前就消失无踪了。不计其数的动物以死鸟为食，这使鸟类的化石记录进一步减少了。原始的鸟类常常在海涂和珊瑚礁中徘徊，捕捉在浅滩游动的鱼类为食。很多原始鸟类一定是在水里死去的，它们的尸体漂浮在水面上，或是在阳光下腐烂了，或是被海生食腐动物吞噬了。已知的两个始祖鸟标本分属两个不同物种。这一事实表明，一定还有过其他种类的始祖鸟，有过数不清的原始鸟类，它们都堕入了时光的忘川。

侏罗纪的海洋淹没了低地，把它们雕刻成成千上万个岛屿。在苏铁和紫杉的阴影之下，蕨类和苔藓在如今生长着硬木树和青草的地方茁壮成长。岛屿的岸边除了波浪留下的一圈圈白色泡沫，便是珊瑚群在温暖的蓝色海水里修建的许多礁石。形形

⬇ 苏铁。它们俗称铁树，曾经广泛生长于 1.4 亿年前的侏罗纪时期，是与恐龙同时代的生物。如今恐龙早已不复存在，苏铁却随处可见，成为城市绿化景观树

鱼鸟骨骼结构图。鱼鸟个头不大，有强劲的翅膀，飞行本领很高。嘴长，口内有牙齿，常在海洋上空迅速飞行捕食鱼类

黄昏鸟想象复原图。黄昏鸟有一个光滑的、有羽毛覆盖的身体，以及长长的腿和带蹼的脚。它们是不是如今鸭子的祖先呢

色色的海贝躺在半透明的海水深处。在每块礁石靠陆地的一侧，懒洋洋的蜥蜴在晒太阳，偶尔还会有一队追逐鱼群的鱼龙冲过。

在天空中，巨大的翼龙乘着微风划过。它们一会儿在天空中盘旋，一会儿掠过水面，一会儿像匕首一般冲向毫无防备的鱼儿。在苏铁手掌般的枝条里，长满羽毛的始祖鸟忙着自己的事：它们笨拙地在小昆虫背后拍打着翅膀，为丑陋的同伴呱呱地唱着一支难听的歌，让情敌的羽毛和鲜血洒落满地，或者只是抱住一根枝条凝望大海。如果它们有感觉，它们可能会惊叹这片景色是如此之美，自己的种族是如此荣耀并充满多样性。但它们不可能预见到，将来会有一天，它们所看到的一切都将消失，只有它们自己一脉遥远的后裔中有少数存活下来。

尽管始祖鸟与爬行动物之间存在着巨大的差距，始祖鸟与其湮灭之后的鸟类的记录时间却相差巨大。在数百万年间都没有另一种鸟类以化石的形式被保存下来。然后，在晚白垩世结束之前，大自然突然给了我们鱼鸟的故事，这种鸟的大小和一只鸽子相仿。

鱼鸟的下巴里长着很多牙齿，脊椎椎体则类似鱼类。但除此之外，它们和现代鸟类十分相似，这一点非常令人失望。鱼鸟已经失去了祖先带爪子的手指和不必要的长尾巴，进化完善的胸骨和肩胛骨则证明了它们具有飞行本领。它们是一种以鱼类为食的海鸟，类似于现在的海鸥。尽管它们的骨头是新旧混合的，但生活习惯完全是现代化的。

黄昏鸟是一种西方的鸟类。它们和鱼鸟一起，在白垩纪时沿着堪萨斯州的海岸线生活。它们是一种强大的潜水鸟类，整体外形和生活习惯都类似潜鸟，但体积比潜鸟的两倍还要大。由于游泳，它们的翅膀已经完全消失了，脚则变成了宽阔的脚蹼。它们对水是如此热衷，结果不仅失去了飞行能力，很可能连行走能力也一并失去了。它们与史上其他水鸟的唯一区别在于：它们的腿和脚不是上下运动，而是侧向划行。现代的鸭子在水里的动作就像骑自行车，但黄昏鸟是在摇橹，它们划起脚来就像一个好桨手划动船桨一般出色。

黄昏鸟标志着生物航空史第一章的结束。冰冷的爬行动物两次感受到了翅膀带来的兴奋，但天空两次都没有实现自己的承诺。到中生代结束时，最后一只翼龙已经入土，而最出色的鸟类则退化到失去了翅膀。但飞行能力并没有在这些飞行者中消失，难题和远方继续吸引着生物们前行。虽然向天空的朝圣无疑让生物们觉得，愿望永远有可能得到满足，但地球总能坚持它自己的权利：就算它无法在子女们还活着时拥抱它们，至少在它们死去时，可以再度将它们拥抱在胸口。

第十三章
哺乳动物的出现

　　大自然不断强化爬行动物的牙齿、鳍和翅膀，以维持它们在大地、海洋和空中的霸权。同时，它也培养其他物种来接替它们。这就是它的方式，得失成败、荣辱兴衰总得交替着来。在伟大生物的阴影之下，总生活着那些亿万年不变的生物。它们极度保守、不思进取，只是站在一旁静静等待。但假以时日，它们必定会得到机会。统治者很少关注它的疆土上那些黑巷子里的低语，就像人类并不会觉得昆虫的嗡嗡声里有不祥之兆一样。要说昆虫有朝一日将取代人类的地位，人类肯定会嗤之以鼻。中生代的爬行动物要是懂得嘲笑，对于把危险归结到被它们踩在脚下的弱小哺乳动物身上的想法，肯定会笑掉大牙。但哺乳动物最终取代了爬行动物，昆虫也可能最终取代人类。

　　如今，无论是在动物园还是在海水浴场，哺乳动物的解剖结构和生理机能都已司空见惯，但在中生代它们却十分罕见。但是，哺乳动物身体的所有基本特征在遥远的年代就已经存在。大约在动荡的二叠纪，距离爬行

🔵 犬齿兽想象复原图。犬齿兽是哺乳动物的祖先，有很多哺乳动物的特征，能在咀嚼食物时呼吸，还长有体毛

⊙ 仅存的两类卵生哺乳动物之一：针鼹。针鼹类似我们日常所见的刺猬，生活习性也与刺猬相似。但针鼹却为卵生，每次只产一个卵，母亲也有一个小小的育儿袋。针鼹仅分布在澳大利亚大陆、塔斯马尼亚岛及新几内亚区域

⊙ 仅存的两类卵生哺乳动物之一：鸭嘴兽。鸭嘴兽是一种夜行、水陆两栖哺乳动物，因嘴如鸭喙而得名。目前仅分布在澳大利亚大陆及塔斯马尼亚岛

动物占领地球还有漫长的岁月时，某种爬行动物走上了一条奇特的进化之路，发生了深刻的改变。它们被称作犬齿兽，其骨骼在南非的三叠纪岩石中被保留下来。它们的牙齿和当时的其他爬行动物有所不同，已经像哺乳动物一样分化出了门齿、犬齿和臼齿。此外，它们的头骨与脊柱接合处的骨头，以及爪子、臀部和四肢的某些部分也与哺乳动物惊人地相似。这些动物预言着新时代的结构。人们相信，它们未被发现的祖先同样也是最早的真正的哺乳动物的祖先。至少犬齿兽和原始哺乳动物非常相似，而且它们也差不多是在同样的时间和同样的地点出现的。

在二叠纪，沙漠让大多数爬行动物无法继续志得意满。它们必须靠自己的四肢去追逐水源和食物，这为恒温动物的进化创造了机会。奔跑能提高体温，二叠纪的冰川摧毁了南半球的陆地，让所有的冷血动物濒临绝种，

但也为保持体温提供了最大限度的刺激。有利和不利的气候相互交替，一些爬行动物冒着死亡的危险，在漫漫寒冬里选择了冬眠。这些动物湿冷的身体完好无损，它们延续了冷血爬行动物的传统。但更进步的动物对反复无常的环境的威胁作出了其他回应：一方面产生了犬齿兽，另一方面产生了恒温哺乳动物。

哺乳动物的活动量更大，这无疑让它们比爬行动物更具优势。它们摆脱了祖先全无生气的状态，并因此进化出了长腿、毛发、灵活的下颚，特别是具有两房两室的心脏、温血和高度敏感的神经系统。就身体结构的每个细节而言，哺乳动物都代表着脊椎动物身体的完美状态。最早的哺乳动物和绝大部分爬行动物及所有的鸟类一样，是卵生的，但产卵这种危险而过时的习惯慢慢被抛弃了，取而代之的是胎生和养育幼崽的方式。鸭嘴兽和食蚁兽在现代世界中显得不合时宜，因为它们是靠敲碎蛋壳来到这个世界上的，而其他哺乳动物都是胎生。在这些胎生哺乳动物中，最原始的是有袋目。母袋鼠和母负鼠产崽时，它们的幼崽还不成熟，必须固定在母亲腹部的一个囊袋里的乳

⬇ 袋鼠。它是一种典型的有袋目哺乳动物。幼崽刚出生时发育尚不完全，需要在母腹的囊袋里发育成熟。它们仅分布在澳大利亚及巴布亚新几内亚

头上，直到幼崽足够强壮。到目前为止，绝大多数哺乳动物产崽时，幼崽都处在一个相对成熟的状态。雌性在哺育后代时，乳腺会分泌乳汁，从而度过产后阶段，这是一种精巧而独特的繁殖方法。值得一提的是，"哺乳动物"这个名字正是从乳腺得来的。

哺乳动物的身体被隔膜彻底分成两部分。隔膜是体内的一块肌肉膜，它的一边是胸腔，里边有心脏和肺；另一边则是腹腔，里边有消化器官、排泄器官和生殖器官。大多数哺乳动物长着两排高度分化的牙齿，小时候的临时乳牙最终会脱落，被所谓的恒牙取代（遗憾的是，恒牙也可能会脱落）。它们的神经系统适应了积极生活的迫切需要，是整个动物王国里最为精细的。鸟类通过大量跑动强化了后肢，最终超越了迟缓的祖先，靠翅膀飞了起来。哺乳动物也一样，它们用四条腿奔跑，最终也把祖先远远甩在了身后。新生代的气候让爬行动物大量灭绝，只残存了少数幸存者，但哺乳动物不仅生存下来，还进入并占据了所有领域。此外，它们之中最终诞生了人类，这是近 5 亿年来最伟大的成就——至少没有一个人会反对这一点。

但在最初，哺乳动物的生存状况颇为恶劣。它们在整个中生代都只能匍

罗伯特兽

罗塞兽

二齿兽

肯氏兽

水龙兽

埃里斯蜥兽

原犬鳄龙

三叉棕榈龙

巨颌鳄

犬颌兽

小驼兽

↑ 远古时期几种早期哺乳动物的想象复原图

匐在爬行动物脚下。哺乳动物是在三叠纪晚期出现的。到三叠纪结束之前，在许多时期、许多地点的记录中都留下了它们的骨骼化石。它们当时还没有老鼠的个头大，且缺乏老鼠的胆量。但在属于爬行动物的世界里，它们靠谨慎开辟了自己的生存之道。它们生活在角落里，只吃微小的食物——这些食物太小了，引不起身披鳞片的统治者的注意。虽然我们对这些原始的中生代哺乳动物知之甚少，但从它们的牙齿可以明显看出，它们已经进化出各种各样的食性。绝大部分可能会爬树，吃种子、水果和坚果；其他一些会在沼泽地的小丘上寻找多汁的青草和树根；还有一些找的是蠕虫、昆虫，以及鸟类和蜥蜴的卵和幼崽。它们在世间的偏僻小路上踯躅而行，寻找着爬行动物餐桌上留下来的残羹剩饭。

在整个中生代，哺乳动物都体形矮小、原始落后、停滞不前。在怀俄明州的晚白垩世岩石中保留着哺乳动物的下颚和牙齿。这个引人注目的发现生动地说明了，哺乳动物在那些不如意的日子里经历过极大的恐惧。这些毛茸茸的小动物只能瑟缩地藏身丛林深处，希望能逃过无时无处不在瞭望的死亡之眼。和它们的骨头一起被发现的是一颗肉食性恐龙的牙齿，如尖刀一般锋利，如锯齿一般尖锐，比任何哺乳动物的整个下颌都大许多倍。哺乳动物有这样的邻居，所以它们在整个中生代都没有进化就不让人感到惊讶了。实际上，它们居然能生存下来，这才更令人惊讶。

新时代的动物在等待时机，而植物也正无所畏惧地为解放日准备着盛装。尽管通常来说植物都十分谦逊，但它们实际上总是能领先动物兄弟一步。最初，正是原始植物为动物提供了食物和庇护所，让它们活了下来。此后，动物就再也没能从这种对植物的原始依赖中摆脱出来。在植物占领一块陆地之前，动物从来都不会跋涉到那儿去。随着新生代的来临，大群食枝芽和食草性哺乳动物席卷每块大陆，但要不是植物为它们准备好了多汁的叶子和青草，它们根本不可能有露面的机会。植物总是静静地站在一旁，看着生命的悲喜剧，满足于让动物兄弟在舞台上昂首阔步、装腔作势。动物赢得了掌声，却是植物写下了对白，安排了布景。

随着早中生代前几世的结束，孢子植物——如蕨类、石松、木贼等——从古生代森林的覆灭中幸存了下来，不过却未能重振失落的荣光。

旧世界中的奴仆——种子植物成了新世界的主人。带有松果的常绿植物不畏严寒、不惧尘土，在整个三叠纪和侏罗纪时期长成了高地上的茂密森林。红杉、紫杉、柏树、杉树、松树在许多地方都牢牢站住了脚，银杏则达到了它们漫长历史中的巅峰。

苏铁和苏铁类植物是中生代早期和中期植物界的统治者。如果这个时代不是已经被命名为"爬行动物时代"的话，它肯定就要被称作"苏铁时代"了。苏铁是从古生代经过神秘渠道进化而来的。它们在二叠纪还为数稀少，但在三叠纪就占据了整个地球。从格陵兰到南极洲，从加利福尼亚州到马里兰州和墨西哥，苏铁无处不在。它们是如此成功，以至于当时每三株植物里就有两株是苏铁。在整个中生代，苏铁基本都维持着这个比例。

🔴 繁衍至今的苏铁。它们曾经在中生代十分繁盛，在三叠纪占据了整个地球

各种各样的裸子植物（引自维基百科）。我们所熟知的松树、银杏就是典型的裸子植物。虽然它们品种繁多，却没有艳丽多彩的花朵

中生代的苏铁是匍匐植物，紧贴地面生长。这一点和它们的现代亲缘植物——热带森林中的西谷椰子十分相似。人们在许多地方都发现了苏铁类植物化石的粗壮圆形树干。它们的特点是树干上布满了伤疤，伤疤处都曾长有不可弯曲的长叶片。在树叶相连处挤满了小树枝，上面开着的大朵大朵的美丽鲜花装点着这个世界，而世界对它们的美却根本无法感知。它们预示着更光明的未来，因为在花朵中央的球果被雄蕊、萼片状器官和花瓣状器官包围，这预示着真正的开花植物即将诞生。大自然似乎也对自己的造物感到骄傲，为这些罕见而可爱的树木留下了大量记录。它们那些还没长出来的玲珑叶片、包含胚胎的种子，以及花粉和鲜花一直完好地保存至今。这种结构中有蕨类祖先的大量痕迹，但最引人注目的却是流传给现代子孙的那些特征。植物的新旧生活方式之间存在着巨大的鸿沟，而这些古老的苏铁却在鸿沟上搭建了一道桥梁。它们使地球史上最重要的事件之一成为可能。

和动物界的哺乳动物一样，开花植物是最晚出现在地球上的植物，也是组织程度最高和最成功的植物。它们在现存的植物中占据了一半以上的比例。它们用自己的绿叶和鲜花把土地装点得格外美丽，动物和人类呼吸也主要靠它们。从赤道到两极，从高山到大海，它们用各种各样的树木和青草覆盖了整个地球，甚至还在河流和湖泊中与藻类争夺生存空间，还有一些已经成功回归了大海。

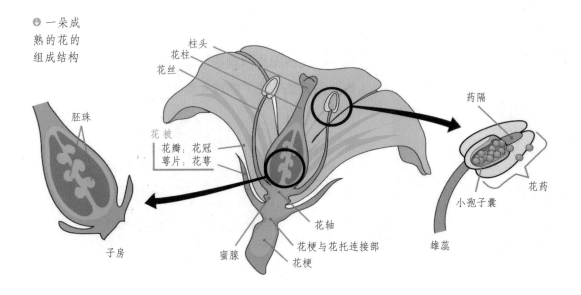

⬇ 一朵成熟的花的组成结构

柱头
花柱
花丝

花被
花瓣：花冠
萼片：花萼

胚珠

药隔

花药

小孢子囊

雄蕊

子房

蜜腺

花轴

花梗与花托连接部

花梗

蒲公英的种子。植物有了种子，再凭借一些小小的但却非常奇妙的工具，就可以迅速广泛传播

　　植物从离开水面、到陆地上安家立业的早期奋斗中获得了力量，这足以让它们养育出一个杰出的后代。开花植物从祖先长期的艰苦奋斗中脱颖而出，成了新的优秀分子。它们的身体代表着一种繁殖方式的完善，从植物第一次冒着死亡的危险离开水面以来，就一直在追求这种繁殖方式。种子最初是在古生代进化出来的，之后它们变得越来越适应陆地的生活方式。松柏、苏铁和其他相关类型的植物都会结出种子。它们实际上是古老的蕨类祖先的雌株孢子的极端放大。在每个种子的顶部都会有少量水或某种黏稠的液体，随时准备捕捉从开放的外壳进入的雄株小孢子或花粉。它们的外壳则保护着宝贵的种子不受外界残酷、炎热的环境影响。一旦受精成功，外壳就会从种子上脱落下来，一棵新的树木便开始了追求成功的奋斗历程。随着时间的推移，在持续沙漠气候的刺激下，植物生长的早期阶段开始越来越多地通过种子阶段进行。在这一阶段，种子外壳尚未脱落，纤弱的树木胚胎还没有暴露在独立生存的危险当中。通过这种方式，培育幼苗所需要的水越来越少。种子每进化一步，都距离祖先对水的依赖更远一步。这段漫长而成功的旅途的最后一步是在早白垩世踏出的，当时开花植物中产生了一种近乎完美的种子。

　　在这种种子里，保护着雌性繁殖器官的外壳的边缘彼此相连，形成一个密闭容器，容器顶部是含糖的液体，用于捕捉和滋养流浪的雄性花粉细胞。雄性花粉一旦被捕获，便钻进外壳，使胚珠受精。通过这种巧妙的方

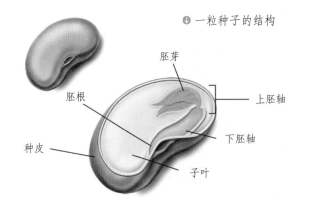

↓ 一粒种子的结构

胚芽

上胚轴

胚根

下胚轴

种皮

子叶

法，原始植物生长中的早期有水阶段被完全消除了，幼苗开始成长时的条件比之前所有植物幼苗的情况都要好。风取代了水的角色，将雄性花粉与雌性花粉吹到一起。繁殖过程则在花朵中进行，花朵的香味和花蜜能吸引昆虫来帮助受精。

如果用人生的跨度来衡量，时间的车轮似乎运转缓慢。比如，一个人羁旅尘世的时间短得无法想象。但如果和第一种生物开始骚动的时间相比较，人类从野兽中的崛起又显得十分迅速。开花植物的传播也与之类似，用一种尺度衡量时慢得不可思议，在另一尺度下又几乎是瞬间完成的。如果从地球诞生之日算起，把迄今为止所有的时间当成一年的话，那么开花植物在一夜之间便遍布了大地。

到晚白垩世结束时，开花植物已经从它们诞生的古老大陆传播开去，沿着北美大陆东海岸到达了南达科他州、格陵兰和葡萄牙。它们数量众多，完全摧毁了在三叠纪和侏罗纪由苏铁形成的奇景。因为我们太熟悉晚白垩世的植物，所以根本引不起任何兴趣。它们包括许多和现在的植物非常相似的植物：檫树、柳树、橡树、榆树、杨树、胡桃树、枫树、桉树、无花果、木兰、桂花、肉桂、郁金香。它们都酷似自己的现代子孙。在它们之上盘旋的昆虫也和现代的昆虫相当类似。

在晚白垩世，全球范围内几乎都是同样的亚热带气候，开花植物因此在世界上占据了一席之地，之后就再也没有放弃过。它们可以分为两大类：一类包括绝大部分林木，另一类则是禾本植物。水果和坚果属于前者，而后者中的谷类则是植物给动物最慷慨的礼物。如果爬行动物当时能够学会利用这些财富，那么它们的未来很可能就完全不同。植物世界的革命正是在爬行动物对新机会不闻不问时完成的。在地球的历史上，白垩纪可能是唯一一个有大量动物食物无人问津的时期。但哺乳动物摆脱爬行动物枷锁的一天将很快到来，它们将自由生存在这个世界上，就算是特意为它们做出安排，也不可能比这个世界的安排更合适了。

遗憾的是，地球的所作所为通常并不会考虑趴在它背上的螨虫们的幸福。相反，它们必须尽其所能，随它的心情和动作而改变。生存总是意味着自我调整，以适应无法控制的命运，再多的自由都无法为调整方式提供多一种选择。即使是人类大肆吹嘘的力量，细细看来也不过是宇宙中一种微不足道的存在罢了。宇宙允许他们对宇宙的力量稍做了解、稍作使用，但绝不允许哪怕一点点的改变。潜伏在地壳下的巨人同样潜伏在地球所有造物的命运之下，是生物的命运所无法战胜的主人。它的家长制度或许是仁慈的，因为在经过漫长、沉闷的古生代之后，它容忍了原生质不受干扰地四处繁衍。同时，它的家长制度或许也是残忍的，因为在那个快乐的时代结束之时，它向地壳之上的世界投出了火成岩的弩箭。但无论仁慈或残忍，深渊之王都是命运的最终仲裁者。

这场地下世界里焰火盛放的革命结束了古生代的和平，抬升了所有大陆，让它们凌驾于海洋之上。由此，世界的重心从海洋转移到陆地。在整个三叠纪及部分侏罗纪时期，侵蚀都是主要的地质过程。最终，海洋再次悄悄入侵大陆，特别是在欧洲、亚洲和北美洲最西部。沉重的沉积物堆满了宽阔的海沟，

⊕ 如今，处处可见的花朵已经成为地球最亮丽的风景

今日的育空地区留
下了地球嬗变后最
辉煌的景色

在地壳之下，压力再度开始积累，到侏罗纪结束时得到了部分释放。在太平洋海岸上，内华达山脉、喀斯喀特山脉、克拉马斯山脉和海岸山脉❶开始上升，落基山脉最东部的山脊也开始隆起，略微超过海平面。从加利福尼亚州南部到阿拉斯加州，炙热的岩浆不断从地球内部涌出，大量的火山创口毁坏了地球的表面。在不列颠哥伦比亚省和育空地区❷，一个巨大的液态岩石池紧挨地壳凝结。它承受了河流和霜冻的侵蚀，一直留存到今天。它是目前所知的最大的单一岩层。

在早白垩世，大海扩大了对陆地的侵略范围。一片新海湾在北美大陆西部的年轻山脉之间找到了栖身之所。墨西哥湾伸出湿润的舌头，穿过得克萨斯州，一直舔到堪萨斯州和科罗拉多州。在怀俄明州、蒙大拿州和南达科他州的大平原上覆盖着茫茫沼泽，其中布满恐龙留下的痕迹。

到晚白垩世，大风和暴雨广泛而持续的攻击已经让世界许多地方的广阔土地变得平坦了，大海取得了它在历史上最伟大的胜利之一。在北美大陆中西部一块宽阔的带状区域，北冰洋和墨西哥湾的海水融会贯通。太平洋和大西洋则派出小分队，占据了大陆边缘。与此同时，南美洲、欧洲、亚洲和非洲的大片土地都让给了海神尼普顿。❸

之后，到古生代结束时，地下之王把一切都掌握在了自己手中。地球缓慢的冷却和收缩已经让它积累了可怕的压力，到了再一次调整的时候了。它高高隆起脊背，让自己待得更舒服。最终遂了愿，地表却因此被严重毁坏。所有大陆的海拔再次抬升，岩石脆弱的地方便起皱、开裂，海沟从阿拉斯加州伸展到墨西哥南部，而落基山脉从寒武纪以来一直在那里缓慢孕育，此时它突然被迫崛起了。与此同时，另一条类似的海沟向南蔓延，它孕育了安第斯山脉，后者是地球上最长的不间断山脉。在东部，侏罗纪结

---

❶ 内华达山脉、喀斯喀特山脉、克拉马斯山脉和海岸山脉都是中生代内华达造山运动中形成的位于北美西南部和太平洋海岸的山脉。

❷ 育空地区为加拿大3个行政区之一，位于加拿大的西北方，是以流经该地区的育空河来命名的。

❸ 尼普顿（Neptune）是罗马神话中的海神，对应希腊神话中的波塞冬，海王星的拉丁名就起源于他。

束时，阿巴拉契亚高地已因腐蚀而变得平坦，此时它缓缓升起大约 457 米，山上的岩石几乎没有受到扰动。尽管这一时期所有已知的大陆都升高了，但人们也猜想一些大陆沉入了海底。火山在咆哮，空气变得寒冷，大浩劫在生物的行列中肆虐。

伟大的爬行动物显然已经被大自然搞得疲惫不堪。沼泽和温暖对它们没精打采的灵魂来说无比珍贵，如今也和它们一起消失了。不仅陆地上的大蜥蜴消失了，就连海上怪兽和空中巨龙也都一道付之永恒。但在灭绝之前，它们用两个无价之宝充实了生物的队伍：温暖的血液和发达的脑。鸟类得到了前者，但没有得到后者，因此，它们虽然飞向了未来，却一直有所缺陷，从此只是让自己更具观赏性而缺乏重要性。只有在哺乳动物身上，温暖的血液和发达的脑才得到了统一。它们的血液中充满能量，脑海中充满智慧。它们即将征服一个新世界。哺乳动物从未长出爬行动物的肌肉，却取得了最终的胜利。因为在它们身体里孕育了一股新力量的萌芽，那就是智慧。当我们追踪它们各自的命运时，将看到这股力量如何壮大起来，并成为成功的最终衡量标准。

⬇ 安第斯山脉景色一角

第十四章
神秘的有蹄哺乳动物

　　中生代结束时的大灾难已经过去很久了，现在到了所谓的新生代——"最新的生活时代"。它的整个持续时间并不比遥远的古生代中任何一纪来得更长，但新生代目睹了现代世界的成形。在新生代的 6 个世❶ 中诞生了如今的地形和生物。在最初的始新世里，大海再次爬上陆地边缘，还带来了一支由现代贝类组成的先头部队。地中海不断膨胀，引发了巨大的洪水。洪水

⬇ 新生代的丛林

❶ 现在一般将新生代划分为 7 个世：古新世、始新世、渐新世（属古近纪）、中新世、上新世（属新近纪）、更新世、全新世（属第四纪）。

↑ 更新世末期，人类已经走进了生命的大舞台

肆无忌惮地在非洲，以及法国、俄罗斯和印度广阔的低地上横行，填满了无数盆地，后来这些盆地隆起，变成了阿尔卑斯山、乌拉尔山、喜马拉雅山和比利牛斯山。在地中海，单细胞动物的骨架堆积成了厚厚的石灰岩，后来埃及人用它们建起了金字塔。在北美洲，海洋蚕食着陆地边缘，但始终未能进入内陆。白垩纪的旧航道海拔上升，而煤炭就躺在航道底部，整个大陆上遍布着河流和火山留下的碎片。到始新世结束时，陆地海拔再次普遍升高，使内陆的沼泽排空，太平洋沿岸的山脉大体成形，和它们现在的布局颇为相似。

始新世之后是渐新世，气候慢慢变得更加干燥，但地球表面并没有发生显著变化。到了中新世，在新旧动荡地区都发生了剧烈的变动。太平洋海岸开始成形，内华达山脉也进入了成熟期。在倾斜的科罗拉多高原上，科罗拉多河开始侵蚀大峡谷。北美大陆西部遍布着大量火山，欧洲和亚洲最高的山脉从海底升起，世界各地的气候都变得更加寒冷和干燥。等上新世终于到来的时候，地球上的海岸线和山脉差不多已经是现在的样子了。

➡ 更新世时期的猛
犸巨兽。冰川时期
过后，因气候变化
及人类的捕杀，猛
犸逐渐灭绝，大约
在公元前1670年，
最后一头猛犸退出
了历史舞台

到了更新世，在全世界范围内，山脉的海拔都在增加，寒冷也随之加剧，北半球大约有2000万平方千米的土地被埋在冰川下面。冰川主要有3个聚集中心：一个是拉布拉多❶，一个是现在的哈得孙湾西岸，一个是加拿大的落基山脉。它们从这3个中心向各个方向蔓延，在最终消失之前进退了好几次。当它们最终消失时，陆地上已经高高堆起松散的岩石。河流被迫转向，冰川的舌头凿出了许多洞，五大湖和其他许多小湖在其中成形。类似的冰川在北欧造就了类似的历史。许多曾在北方陆地上尽享繁华的哺乳动物都丧了命，剩余的则被赶到了热带。

从更新世冰川的巅峰时代算起，又过了20万～50万年，这个时代被称为全新世，但实际上它是更新世的延续。地球刚刚摆脱冰河期，两极和格陵兰地区依旧被从未融化过的冰层覆盖着。所有的高山上都流淌着冰河，连那些扎根赤道的山也不例外。北半球的大地依旧会经历寒冬。我们所生活的时代是个过渡时代，这句话对陆地和统治它的有脑两足哺乳动物都适用。

和始新世——新生代的"黎明时刻"——起到来的哺乳动物还没有明显的优势，"黯淡无光，像个病夫"❷。有些个头很大，有很多都很强壮，但没有一个是聪明的。它们的牙齿只能相对有效地攻击和自卫，脚也并不特别擅长追捕和撤退。它们是奴隶的孩子，还不知道怎样得到自由。受到抑制的生物在困难重重的旧世界里表现得懦弱，到了充满机会的新世界，

---

❶ 拉布拉多是加拿大一个地区，位处大西洋沿岸，与一海之隔的纽芬兰岛组成加拿大的纽芬兰与拉布拉多。拉布拉多是该省的陆地部分，位于拉布拉多半岛的东北部。
❷ 出自《哈姆雷特》第三幕。

又变得无比平庸。

判断一棵树美不美要看它的枝叶，而不是树根。在始新世遍布世界的古代哺乳动物究竟如何，也该用它们的后代来评价。它们本身并不出色，很快就灭亡了，但它们孕育出了有史以来数量最多、种类最多、最为杰出的动物种群之一。在上天的计划里，那些不能适应环境的生物就算不擅长其他的事，至少都极其擅长孕育杰出的物种。

当恐龙在白垩纪依旧漫步于温热的沼泽当中时，哺乳动物的祖先或许已经在寒冷的高原和山地森林间找到了自己的路。这条路没有爬行动物愿意追随。它们的皮毛能让身体保持温暖，它们也因此在西伯利亚、阿拉斯加和加拿大荒凉的内陆地区繁衍生息下来。虽然没有人能肯定这是事实，但我们可以合理地假设：在解放的日子到来之前，哺乳动物已经在某处积蓄了力量。因为当伟大的爬行动物刚刚放手交出灵魂时，不管是天堂还是地狱，都在等待着它们。所以，哺乳动物迅速崛起，在每一处人间天堂取得了更实际的报酬。它们的数量太多，种类也太丰富，绝不可能是一夜之

● 早期的哺乳动物。它们体形小巧，毫不起眼，动作灵活

间产生的。保存了最后的恐龙骨骼的地层就位于含有大量哺乳动物遗骸的地层的正下方。

新生代最早的哺乳动物和它们的祖先一样，体形小巧、动作活跃、毫不起眼，很难把它们彼此区分开来。它们都长着 44 颗牙齿，前面的牙齿较长，用于切割；后面的牙齿较短，用于咀嚼。它们都用扁平的脚运动，每只脚上都长着 5 个带爪的脚趾。它们都靠又小又不发达的脑活动。与它们的后代相比，它们完全算不上聪明，但和爬行动物比起来，许多都堪称智力奇才了。

仔细观察就能发现，尽管这些最早的哺乳动物依旧具有统一性，但它们已经开始出现区别，这些区别决定了后来的哺乳动物对最适宜的生存环境的特别偏好。古代哺乳动物最初都在陆地上跑动，在树上爬行，找到什么就吃什么。由此开始，它们分布到许多不同的栖息地，也分化出许多不同的习性。有些选择在草原上奔跑，它们的身体隐约预示了马和狗的出现；有些到水里生活，孕育了鲸和水獭；有些体重增加了，让人们想起河马和大象；有些在地上打洞，就像土拨鼠和鼹鼠一样；还有些按照浣熊和猴子的习惯，在树梢出没。虽然每种生活方式都为它的信徒打下了特殊的烙印，但古代哺乳动物都没走太远。它们既没成为任何特殊环境的主人，也没有掌握任何特殊的生存技巧。

现存的大多数哺乳动物主要包括两种：一种长着蹄子，在森林和平原上漫游，寻找植物为食；另一种则是长着爪子的食肉动物，靠其他动物为食。这两种类型在早始新世的哺乳动物中就已经粗略地出现了。踝节目动物（关节接合的动物）的骨骼讲述着大自然第一次笨拙的实验。它企图创造一种用蹄子奔跑的食草性动物。这些难以归类的动物长着长尾巴和笨重的四肢，并不是用来塑造马或骆驼的最佳材料。大自然不久就厌倦了这项任务，到始新世结束时，就把它们都丢进了历史的垃圾堆。

原蹄兽生活的时代太晚了，它们的解剖结构中的某些部分也太大、太发达，不可能是最早的马的直系祖先。但就我们所知，它们是有史以来原始哺乳动物向现代有蹄类动物的进化尝试中最接近成功的一个。它们的大小接近一只小绵羊，和当时的大多数哺乳动物一样长着拱形的背、强壮的四肢和带有 5 个脚趾的扁平的脚。每个脚趾上都长着一块水平的趾甲，因而原蹄兽变得更强壮。这是有记录以来最早也最简单的蹄子，但远比其他亲缘动物的脚更优越。它们的门牙适合吃所有食物，但后牙只适合嚼草。原蹄兽的脑也很小，这迅速把它们带向了生命的终点。在它们的骨头被发现之前，赫胥黎 ❶ 在英国、科普 ❷ 在美国都曾绘出有蹄类哺乳动物的祖先可能的

❶ 原蹄兽想象图。它们是马类动物的潜在祖先

模样。虽然原蹄兽符合这些画像，有段时间还被认为是一个强大的王朝的缔造者，但它们最终被废黜了，让位给了一些更为原始的、未知的亲缘动物。

钝脚目动物是原始的哺乳动物，它们愚蠢而笨拙地彼此竞争。冠齿兽差不多和一头公牛一样大，和河马一样丑。它们用短腿和残留着脚趾的脚摇摇摆摆地在沼泽里走动，像猪一样用獠牙挖土。它们的脑让它们在"有史以来最愚蠢的哺乳动物"排行榜上名列前茅，不久它们就为这一荣誉付出了生命的代价。

钝脚目中为数最多、灭绝最晚的是恐角兽，它们长着大象般巨柱状的腿，身高足有 2 米。它们的上颚伸出两颗弯曲的獠牙，头上则长有 3 对疙瘩：正面的一对长在鼻子上方，上面可能曾长着类似犀牛的角；第二对和第三对则分别长在眼睛和耳朵上方，高几厘米，像长颈鹿的角一样覆盖着皮肤。就算大自

---

❶ 赫胥黎指托马斯·亨利·赫胥黎（Thomas Henry Huxley，1825—1895），英国博物学家，进化论的捍卫者，也是生源论和无生源说概念的创造者。

❷ 科普指爱德华·德林克·科普（Edward Drinker Cope，1840—1897），美国古生物学家、比较解剖学家，毕生专注于美国的脊椎动物化石研究，一生中发掘了超过 1000 个新物种。

然力求荒谬，它也无法设计出比恐角兽的脑袋更能表达这种心情的东西了。而最大的讽刺在于它们长着极小的脑，大小不超过狗脑，复杂程度更是远远不如狗脑，就像两吨重的船配了小得可怜的舵。到始新世结束时，这艘船便不可避免地触礁了，和它一起沉没的还有古老哺乳动物的希望。它们一道沉入了被遗忘的命运之河。

在早始新世描绘的主要事件幕后，新主角们在等待着暗示。它们是未知的父母心血来潮的产物，已经通过某种方式被赋予了祖先所缺乏的潜能。它们身上的生命力让它们能够改变自己的身体，以适应不断变化的环境。每个哺乳动物的命运都是由3个器官决定的，即脚、牙齿和脑。原始哺乳动物灭亡了，因为它们的这3个与外界环境接触的器官都很弱小。但它们灭绝之前的很长时间，甚至在它们发展到顶峰之前，最早的现代哺乳动物就意识到了它们的弱点。

它们从遥远的极地沿着经线而下，在欧洲向南行进到北纬50°，在美洲行进到北纬40°。两地同时出现了原始的马、骆驼、猴子、狗和其他许多我们熟悉的野兽。它们一拨又一拨地席卷地球，到始新世结束时，就已经取代了原始哺乳动物的地位。它们总算品味到了成功的浓郁甘甜滋味。

⬇ 恐角兽骨骼化石。恐角兽的头古怪、硕大，却长着极小的脑。头上的3对疙瘩十分有趣

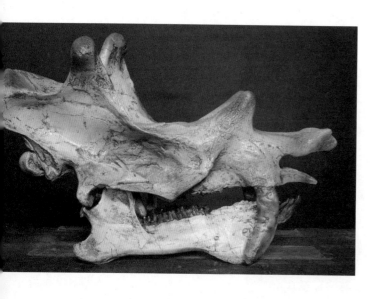

选择蹄子作为交通工具的动物分为两类：一类包括貘、马、犀牛等，它们每只脚上长着奇数个脚趾，它们以其他脚趾的退化为代价，最终主要靠中间的脚趾支撑起了身体的总重量；另一类包括骆驼、猪、鹿、河马、长颈鹿、羚羊、绵羊和牛等，它们承担身体重量的

每只脚上都长着偶数个脚趾。由于用脚趾走和跑，两类动物都长出了蹄子，就像劳动者的手上或是赛跑运动员的脚上会生老茧一样。

在这个世界上，所有的生物都注定要奋斗。因为它们对无法预见的归宿一无所知，所以很多生物都不可避免地面对穷途末路。马的祖先和犀牛的祖先是兄弟，在同样的环境里过着同样的日子。后来，时间和战局将它们分开，但两者都用自己的方式赢得了些许胜利。它们都孕育出了足够坚强的后代，经历了新生代的所有动乱还能坚持生存在地球上。它们的三弟是雷兽。它并不比两位哥哥缺少才华，但就没那么幸运。在新生代顺利起航之前，命运就让它犯了错误，而严厉的法官由此判了它死刑。

原始的雷兽身体瘦小、四肢修长，在早始新世时活跃在北美大陆广袤的山间平原上。要是它们能一直保持敏捷和相对的无足轻重，它们的后代可能也能享受到快乐，就像大自然赋予其他早期哺乳动物后代的快乐一样。但是，它们反而被巨人的安全假象吸引了。如果体重增加时力量也按比例增加的话，那也是种明显的优势，可以让它们更容易解决敌人，更快地说服盟友，也更容易获得食物。但动物长得越大，成长所需的食物就越多。巨大的动物必须把大部分时间投入到觅食当中，而且只在食物充足时才能活下去。它们的肌肉无法与体重成正比增长，因而变得虚弱、笨拙、移动缓慢。雷兽的体形大小和体重都不断增加，直到长成了身长 4.5 米、身高 2.4 米的巨兽。它们的头部呈马鞍形，鼻端顶着一对巨大的分叉的角。粗壮的腿支撑着它们笨重的身体。水塘与牧场间的长途跋涉令它们厌倦，而且每当它们到达一个新的地方，就会发现身体更小的马和犀牛抢在了它们前面。它们一到来，马和犀牛就散开了，但肚子都已填得饱饱的，吃的正是它们要找的食物。随着沙漠的到来，艰难时刻也降临了，雷兽和它们的同类都倒下了。如果巨兽们死后还有地方可以聚会，它们至少还能分享同病相怜的友情。在通往坟墓的道路上，巨大的身体一直都是最常用的交通工具。大自然已经将大量甲壳类动物、鱼类、恐龙和哺乳动物带进了坟墓。而当代世界的鲸、大象、河马和大猩猩在满足肥胖的身体时，也接近了它们可怕的聚会。

但是，大自然对雷兽的亲缘动物们没有这么严厉。马是所有四足动物

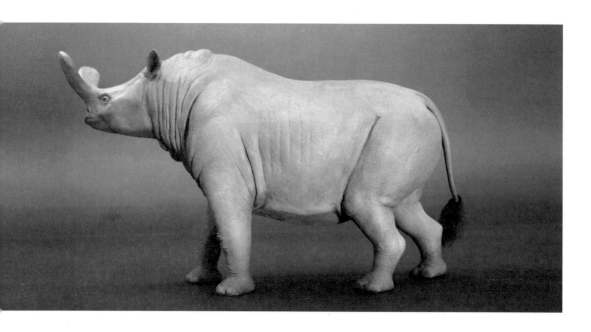

里最出名的，它们的历史也恰好是进化论的支持者在论文答辩时最需要的证据。所以，马一直令人厌烦地被拉出来招摇过市，而大众也早就看够了它们。即便在现在的世界，汽油和橡胶已经取代了燕麦和马蹄，但大众同样也看腻了马的展览。遗憾的是，马依旧是生物追求完善的突出例子。这种完善与人脑的完善方式同样重要。明白了这一点，笔者再把它们从牧场中拉出来，为它们写上一两段文字，或许就能被原谅了。

始祖马（即黎明的马）体态优雅，比猫还小，随着新生代的来临，它们步入了欧洲和美洲的森林。我们对它们的祖先一无所知，但它们后脚上的 3 个脚趾和其他 2 个脚趾的退化痕迹，让我们想起原始哺乳动物长着 5 个脚趾的脚。始祖马的前脚上长有 4 趾，祖先的第五个脚趾已经从脚上消失，因而在马的化石记录里也找不到了。尽管始祖马很原始，但它们已经开始进化出后世马独有的步态。它们的其他解剖结构并无特色，和同时代其他无明显特征的动物大体类似。它们的牙齿短而简单，更像猪而不是马的牙齿。

始祖马和现代的马之间延伸着一条美丽而完整的链条。它们之间的连接点就是已经绝种的马。每一种绝种的马都向着它们努力的目标更接近一点。这些目标包括在野外迅速奔跑的能力和以平原上的禾草植物为食的能力。每种马的身体、脖子和头部都会更大一点儿，更接近流线型，脑变得更复杂，视觉和嗅觉也变得更加敏锐。这些原始马用脚趾跑步，这使它们的脚伸长了，关节也得到了增强，从而更适合快速的大跨步跑。它们的踝骨远远高出地面，变成了踝关节；前肢的"手腕"则变成了膝盖；中间的脚趾变得越来越长、越来越强壮，足以支撑增加的体重，旁边的几个脚趾则消失了。中马是一种过渡阶段的马。它们每只脚上长着3个脚趾，中间的脚趾比两边的要大得多。而现代的马只剩下中间的脚趾，但在后肢的皮肤下还留有两块平板细长的骨头，是旁边两个脚趾的残余，祖先留下的另外两个脚趾则消失无踪了。马的四肢变得越来越长，适合跑动。同时，牙齿也变得越来越长，适合切割和咀嚼草料。用于撕肉的犬齿已经完全消失，只剩下臼齿。这个牙齿唯一的任务就是磨碎粗糙的植物性食物。马曾经是简单的森林动物，什么都吃。后来，它们慢慢变成了复杂的草原动物，有着特定的饮食习惯。由于这个变化过程中的每个重要步骤都存在骨骼化石记录，所以就算马已经从物质世界被排除了，它们在意识世界依旧应该得到一席之地。它们是生物进化这一事实最重要的证据。

⬇ 始祖马是马的祖先。始祖马已经开始展现马的形态，但与它的后代相比，体形大小实在相差悬殊

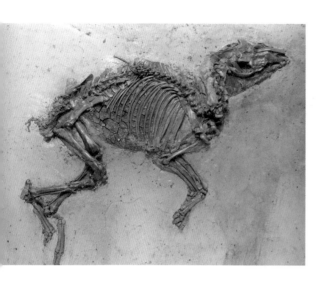

● 始祖马化石

● 俾路支兽想象复原图。俾路支兽是有史以来发现的最大陆生哺乳食草性动物

解剖结构的变化总是因为生活习惯的变化而变化，而生活习惯的变化则起因于世界的变化。在始新世，气候湿润，沼泽、湖泊和溪流滋润着大地，森林肆意生长。而中新世的气候则更加凉爽干燥，水分大量减少，芳草茂盛的高地、草原取代了许多森林。森林中的小马如果不吃草，就要被饿死。它们必须跑得很快才能摆脱敌人，后者在野外很容易发现它们。到了中新世，平原进一步扩大，森林愈加减少，只有那些能够自我调整、适应新情况的马儿才能成功。要不是有寒流、采采蝇的毒螫以及上新世和更新世里无比饥饿的原始人类，它们的后代可能依然能繁荣至今。

在早新生代的森林里吃草的奇趾小哺乳动物并不都是马。有些是犀牛，虽然这些现代犀牛的祖先身体小巧、无法自卫、走路飞快，看起来更像马。在渐新世和中新世，它们挤满了北美大陆，种类丰富，数量众多，大部分的犀牛脚上都长着 3 个脚趾。犀牛和马不一样，马儿永远不会远离青草茂盛的平原，而犀牛则尝试了各种栖息地。有一种犀牛跟着马来到了牧场，但竞争太过激烈，它们在试图成为食草性动物的过程中丧了命。另一种犀牛则到了水中，学会了游泳，用獠牙扎根在污泥当中。但由于某种原因，它们也没有成功。还有些犀牛长出了巨大的身体，变成了亚洲的俾路支兽。它们是有史以来发现的最大的陆生哺乳动物，高达 4 米，身长 7.6 米，看起来像漫画版的巨马。

在更新世，极地冰川一路南侵到圣路易斯，犀牛从美洲消失了。那些徘徊在欧洲和亚洲冰原上的犀牛则长出了又长又厚的皮毛，以抵御冰原吹来的风。我们的原始祖先对它们十分了解，在洞穴的墙壁上把它们画了下来。这些犀牛现在都灭亡了，但非洲和亚洲的现代犀牛正是它们的后代。这些笨重无毛、长着厚皮、头脑迟钝的厚皮目动物是一个数量巨大、种类繁多的种群所留下的全部幸存者。它们和自己的亲缘动物——马和貘一样，曾在几乎所有大陆上尝到过成功的滋味，现在也同样立于危墙之下。奇趾有蹄类动物的鼎盛时期已经过去，马可能是个例外。过不了多长时间，这些生物很可能就会落伍，被大自然扔到灭绝的畜栏里去。

在始新世早期，一大群有蹄类哺乳动物进化出了这样的脚：对称轴落在每只脚的第三个脚趾和第四个脚趾之间。结果是中央一对脚趾的大小和力量都增加了，而两侧的脚趾则变小或是消失了。这种动物叫作偶蹄目哺乳动物。它们同样种类繁多，骆驼就是其中的代表，就像马是奇蹄目哺乳动物的代表一样。

⬆ 现代的犀牛。它们仍然有一丝古兽的威严。犀牛是当今最大的奇蹄目动物，现在主要生活在非洲及东南亚

⬆ 骆驼。从形态上
看主要包括两种：
单峰驼（左图）和
双峰驼（右图）

　　骆驼大家族目前仅存亚洲驼和非洲驼，以及南美洲的美洲
驼，但它们最初的家园在北美大陆西部。新生世的环境让马走
上了青草茂盛的高原，也把骆驼带进了沙漠平原。随着时间的
推移，骆驼也和马一样，身体越长越大，腿越来越长。它们的
祖先长着的食枝芽性的低冠齿也被食草性的高冠齿所取代。它
们的脚趾从 5 个减少到了 2 个，每对脚趾上都长着一个海绵垫，
让它们适合在柔软的沙地上立足。最终，随着沙漠环境的不断
延伸，现代的东方骆驼的祖先们长出了用于贮藏脂肪、食物的
驼峰和用于贮水的胃壁。为了避开地面反射的强光和热量，它
们的眼睛和鼻子移向头顶。它们的耳朵里长满了毛发，眼睛长
出了长睫毛，鼻孔在沙尘暴来袭时可以关闭。为了找水，它们
的视觉和嗅觉变得十分敏锐。就各方面而言，骆驼变得非常适
合沙漠生活。它们和马不一样，不会轻易搬离自己选择居住的
荒漠。虽然拖拉机已经部分地取代了它们，但相当多的沙漠贸
易还是在它们的背上完成的。

　　始新世里最早的骆驼甚至比长腿大野兔还小。它们保留了
祖先的 2 个脚趾，分别生长在中间支撑身体的一对脚趾两侧。
它们的牙齿短而简单。在渐新世，骆驼长得和羊一样大，但它
们的脖子和腿变长了，体态也更优雅了，两侧的脚趾已经缩小
成了两块夹板，牙齿不长不短。到中新世，骆驼外表已经非常

类似现代的美洲驼了。它们在上新世孕育了比所有现存的骆驼都大得多的后代。到那时为止，还没有一匹骆驼离开过它们在北美洲的故乡。随着更新世的到来，骆驼的使者跨过了白令海峡的陆桥，进入了亚洲，还有些跨越中美洲地峡，进入了南美洲。在最后的更新世冰川收回它冰冷的手指之前，骆驼（有一种例外）已经像马和犀牛一样，远离了孕育它们的大陆。

其他许多偶趾目有蹄哺乳动物也沿着大致相同的路线走到了今天。鹿家族的祖先在渐新世出现时是种平淡无奇的小动物，还没有犄角。到中新世出现了较大的鹿，有2个或3个分叉的鹿角。到了上新世，开始出现了有4个、5个乃至更多个分叉类型的鹿角。而现代的鹿正是由于长出了角，才能迅速在鹿角发展史上留下自己的名字。另外，与马和骆驼不一样，鹿是从东方迁徙到北美大陆的。

猪也是沿着惯常的道路发展的，它变得更大，脚趾变得更少。相比于它们过去曾有些畸变的亲属，真正的猪反而不那么出名了。在渐新世和中新世，庞大的巨猪科动物有着大水牛般的体格、猪的外表和狼的灵魂。河马可以说是生活在水中的猪。它们的身体长得更大、更重，门牙和嘴唇长得更长、更厚，更适合挖泥。过去那些真正的猪都比现存的野猪体形更小，在人类贬低了它们在现代社会中的地位之前，它们一直和有史以来的其他种群一样，充满自尊，却平庸无奇。

因此，大自然用同样令人厌倦的模式固定了所有有蹄类动物的命运。它会改变个体生涯的细节，但从未改变过其基本计划。牛会咀嚼反刍食物，

❹ 猪当年的祖先也曾经凶猛异常，体格庞大

猪就不会，但两者却有着大致相同的祖先和历史。这段历史十分单调，至少在屡获成功这一点上十分单调。从解剖结构上看，有蹄类动物的身体非常有效地适应了环境变化。在现存的所有动物里，它们的身体最适应自己所过的生活，在未来恐怕也很难创造出比它们更适应自己生活的动物。

大象是最原始、最有趣的有蹄类哺乳动物之一。它们长着长鼻子、长象牙、精明的小眼睛、大耳朵、高额头，是种奇怪的野兽。但它们也有着警觉的头脑和仅次于恐龙、俾路支兽和鲸的体形，是种高贵的野兽。完全成熟的非洲象高近4米，重5～7吨。它们的印度表亲也只是体形稍小而已。

大象的身体是原始特征和现代特征的一种奇怪组合。柔软的内脏无疑是老式的，但它们的骨骼却是大自然的最高成就之一。与其他大多数有蹄类哺乳动物不一样，大象保留了祖先的脚和四肢的骨骼数目及排列方式，但又对它们加以变化，以便更好地支撑庞大的身体。它们的脚上长有祖先的5个脚趾，还长有埋在沉重的弹性肉垫下的小蹄子。它们四肢的骨骼不仅巨大，而且是垂直的；在"膝盖"和"肘部"没有弯曲角度，这一点与其他四足动物不一样。它们的大头上长着象牙，有些象牙重达90千克。这对长脖子来说必然是个难以承受的负担，所以大自然让大象长着短脖子，为此甚至违背了它惯用的长脖子配长腿的原则。大象长着长腿和短脖子，除非一直不方便地弯着腰，否则就够不到食物和水。要不是它们的鼻子和上唇被演化成长鼻子的话，它们可能早就站着饿死了。有了长鼻子这个极其有用的附属器官，大象不仅能把食物和水举到嘴边，还能到处搬运东西，甚至能从微风里嗅出敌人的气味。它们的脑袋和脖子都缩短了，这样就能控制肌肉，肌肉在鼻子和它们的负担——象牙之间形成更好的杠杆作用。大象的牙中，除了长象牙，其他的牙都消失了；臼齿则变得像压路机一样，能碾碎粗草、树叶和树枝。

大象脑的大小是人脑的两倍，却比人脑简单多了。不过，比起有蹄类哺乳动物的平均智力水平，大象还是非常聪明的。它们能学会堆放原木，而且和印度柚木工厂里的两脚同事不一样，它们不需要监督也会完成分配的任务。它们会记住朋友，更永远不会忘记敌人。它们通常是温顺的，不

过事实上几乎所有的象被捕获时都是野蛮的，只是后来根据人类的需要被驯化了。

大象与海洋世界里那些几乎没有四肢的懒汉——海牛或海象之间的关系堪称生物世界里最奇怪的关系。这些动物过去非常相似，它们都源自某些尚未被发现的动物，这些祖先曾经都在沼泽中摸索求生。之后，海牛在水里越钻越深，大象则在陆地上越爬越高。当它们在原始的沼泽里分道扬镳时，面前有着不同的生活道路，这决定了它们二者之间的差异。

在距离埃及首都开罗 96 千米、尼罗河以西的利比亚沙漠中，坐落着法尤姆绿洲和湖泊。史前人类曾生活在那里，死时还留下了他们制造的粗糙的燧石工具。在公元前 2000 多年前，阿蒙涅姆赫特一世 ❶ 曾在那里挖过灌渠。后来希腊人和罗马人都

❶ 大象是最原始、最有趣的有蹄类哺乳动物之一。如今的大象跟它最亲近的祖先——猛犸已非常相似

---

❶ 阿蒙涅姆赫特一世（Amenemhat I，公元前 1991—前 1962 年在位），埃及法老，埃及第 12 个王朝的建立者。

→ 始祖象复原图。始祖象身体粗壮，体形不是很大，很可能大部分时间生活在水中

在那里建造过城市，托勒密王国 ❶ 时还修建了水库。如今湖泊已经缩小并盐碱化，但它的历史遗存却十分丰富，时不时都会有新发现来补充人类对过去的认知。

法尤姆的居民里有不少是始祖象——最早的大象。它们在始新世住在那里，当时非洲北部是热带树木的家园。有条比尼罗河更宽的河流汇入地中海，入海口正是后来的绿洲与沙漠交界处。始祖象体形粗壮，大小和猪差不多，上颚长着两颗小长牙，脖子很长，头部长而窄，吃东西时，它们不用鼻子就能轻松碰到地面。

到了渐新世，始祖象的追随者仍然在埃及徘徊。这些象比前辈的体形更大，体重更重，更接近后来的大象。它们的脖子已经开始变短，腿十分巨大，上下颚各突出两根长牙。它们窄长的脸上长着灵活的鼻子，隐约暗示了后代象鼻的模样。

在中新世，象的种类十分丰富。它们从非洲扩张到欧洲，很快又找到了通向亚洲和北美洲的道路。随着时间的推移，它们的身体越长越大，脖子越来越短，脑袋越来越高，鼻子越来越长，牙齿越来越长，脑结构越来

❶ 托勒密王国是在马其顿君主亚历山大大帝死后，由将军托勒密一世所开创的一个王朝，在公元前 305 年—公元前 30 年统治埃及和周围地区。

越复杂。它们中大多数是乳齿象。这些乳齿象的臼齿还不像真正的大象那么光滑，但已经长有锥形块。有些象长着 4 颗牙齿，有些只有 2 颗。

在上新世，大象通过白令海峡上的陆桥，在亚洲和美洲之间漫游。当更新世给北方许多地区带来冰川时，大象为了御寒，长出了蓬松的皮毛。在更新世，北美洲至少是一种乳齿象和三种真正的象的故乡。其中包括有记录以来最大的象，它们身高超过 4 米，弯曲的象牙和身高一样长。

这些可怕的野兽被称为猛犸。之所以叫这个名字，并不是考虑到它们的体形大小，而是由于鞑靼人有着一种奇怪信仰，认为它们的骨头属于一种体形巨大的鼹鼠"猛犸秃"，这种动物一旦爬到地表，被日光照到后就死了。猛犸的遗骸在许多地区都有，特别是在西伯利亚、阿拉斯加和北欧。阿拉斯加的每个古玩店都卖象牙化石，而当地的渔民在某个地区内撒网时依旧能网起猛犸的遗骸，那个地区在更新世是旱地。新石器时代的欧洲穴居人在象牙上刻下猛犸的图画，而象牙正是从它们的模特身上取得的。在西伯利亚的砾石中发现了几个冷冻的、完整的猛犸标本。虽然这些动物已经死去 2 万多年了，但肉还保存得异常完好，狗和狼当时就津津有味地吃了起来。就连它们胃里最后一餐中没消化完的草，都被人们回收和确认了。

⬆ 猛犸骨骼化石。目前，科学家正尝试将西伯利亚长年冻土中发现的猛犸遗体进行 DNA 提取，试图让这种已经灭绝的动物重现

　　在今天的美洲和欧洲已经没有了大象。大象曾有过许多种类，但现在只剩两种还在亚洲和非洲的丛林深处徘徊，而这些象也正在迅速消失。像众多的有蹄类亲缘动物一样，它们是逝去的某一天里的幸存者。在新生代，有蹄类动物普遍衰退了，这一事实背后依旧萦绕着某些不解之谜，但冰川时代的变迁和敌人的杀戮可以为这个问题提供部分解释。哺乳动物靠牙齿和爪子生存，它们每吃一顿饭，都是在食草动物中传播死亡。而最终出现了一种动物，他们的杀戮方式前所未有，并充满创意：他们不仅为了获得食物和能遮蔽裸体的皮毛而屠杀其他动物，还会为了仇恨和取乐而屠杀其他动物。他们已经让其他所有哺乳动物的数目都大量减少了。出于一时兴起，他们杀光了野牛，又继续杀掉了不计其数的有毛哺乳动物。只是因为他们喜欢把它们的皮毛挂在脖颈上，甚至在夏季的酷热中也是如此。不久后的将来，我们大概就能看到几乎只有他们单独生存在自己一手制造的世界里了。只有他们需要的那些哺乳动物，或是他们出于任性所喜爱的那些哺乳动物，才被允许追求幸福——当然，是在他们选择设定的范畴之内。

◎ 在新生代，哺乳动物已经成为陆生脊椎动物的绝对统治者

第十五章
恐怖的肉食性动物

生存一直都是一件危险的事。地球的能量残酷而缺乏人性，饥饿与爱情的力量同样残酷而坚决，所有的生物都被夹在两者之间，在生存的旋涡里互相斗争。命运是这样一种力量，无论它实际上有多明确，降临在生物身上时一定都是含糊难懂的。除非生物能获得更高超的感知能力，否则它们的命运将继续被偶然性支配，世界也将继续充满错误和不幸。

生物为了在充满变化的世界上立足，就必须与环境做斗争：为了获得食物和配偶，必须与同胞做斗争；为了获得其他可能获得的一切有利条件，必须与不同物种的生物做斗争。它们愿意不惜一切代价，在对生命漠不关心的地球上活下去。这将继续在物种之间引发冲突，而生物显然永远不可能有足够的智慧来避免这样的冲突。只有人类会期望和平，因为只有他们有足够的智慧来应对这个问题。他们总是对此感到扬扬得意。但事实上，到目前为止，他们还没有取得什么成就来证明这一点。

过去的许多动物都靠

🔻 正在捕猎的非洲狮

| 狐狸 | 獾 | 水獭 | 黄鼬 | 白鼬 |
| 刺猬 | 松貂 | 臭猫 | 鼹鼠 | 野猫 |

杀害其他动物为生。当然，它们吃掉的动物并不如吃掉的植物多，但它们已经在时光里开辟了一条恐怖之路。肉食性恐龙罪有应得地灭亡了，但不久之后，肉食性哺乳动物就出现了。它们是种群中最强大、最聪明的动物，很快就轻松取得了成功。在这个地球上，众生渴望幸福，但最后只得到了残酷，这就是成功的含义。

就像有蹄类哺乳动物霸占了古老的素食性动物的所有领土

肉齿目动物追随着始新世的有蹄类哺乳动物的脚步莅临世间。它们的牙齿基本上适合切肉，脚趾上则长有利爪，适合撕肉。相比而言，它们的后代更加适合肉食，但这些特征在它们的身上表现得还不太明显，它们的猎物也是一样。有一种肉齿目动物的牙齿像鬣狗的，但它们的习性很像猫，只吃干净的肉。有些肉齿目动物类似水獭和貂，其他一些像狗和猫。有一种肉齿目动物长得像熊，生有可以用于撕扯腐肉的钝齿。它们中大多数都凶猛而敏捷，体形大小接近狐狸。几乎所有的肉齿目动物都和它们的素食性同伴一样，在始新世结束时灭亡了。

➊ 小型肉食性哺乳动物。肉食性动物并非一定体形硕大。很多小型动物同样喜欢肉食，其中一些被误认为属于杂食性动物，很可能是因为它们不那么容易获得肉食

始新世的动物，中间
枯木上类似如今狮子
的动物是肉齿目动
物——久猫。

一样，更能与时俱进的猛兽也取代了始新世的原始肉食性动物。它们在遥远的北国聚集在一起，其中包括狗、熊、浣熊、黄鼬、果子狸、鬣狗、猫和其他许多动物。它们的牙齿和爪子已经臻于完善，适合撕扯肉食。它们的脑也变得更大、更复杂了，显得诡计多端。它们的肌肉和四肢则变得更精准、更强大。这些动物很快分布到各种各样的栖息地，身体形态也变得多种多样，但结构上的统一性仍将它们维系在一起。它们的门齿和犬齿都很发达，适合杀戮。

在新生代中期之前，已经出现了7个科的肉食性陆生哺乳动物。在它们当中，狗的外表和生活习惯最接近它们的祖先——肉齿目动物。狐狸成了孤独的掠夺者，狼则成群结队狩猎。在更新世的冰川到来之前，狗已经在欧洲家乡里信步漫游，并进入了北美洲、南美洲和印度。地质记录里留下了超过150种犬科动物的骨骼化石，其中有超过100种活到了现在。

熊很早就厌倦了只有肉类的食谱，它们开始吃别的食物。它们的牙齿变得更钝，而且至今依然如此。浣熊也爬上了树，在吃肉的同时也开始吃水果和蔬菜。黄鼬却一直嗜血如初。巨貂是中新世的一种巨型黄鼬，体形和熊一样大，一定要小心对待才行。麝香猫和它们的亲缘动物——猫鼬在非洲和亚洲的森林中玩着追踪游戏，一直玩到今天。落后几步的是鬣狗。它们行踪诡秘，对吃腐肉很满足，而且不愿陷入争斗。

所有的哺乳动物杀手里最有成就的是猫科动物。它们的所有肌肉、韧带和骨骼都打造得完全适合诡秘行动。它们充满力量，又泰然自若。和狗不一样，猫科动物从来不会直接在猎物身后追逐。它们总是安静地跟踪，然后从猎物背后或是头顶一跃而下。今天，东半球的狮子、老虎和豹有力地维护着种群的残忍之名；而西半球的美洲狮、美

细齿兽　　　　　　拟指犬　　　　　　昏黄犬　　　　　　汤氏熊

⬆ 狗的进化历程。本质上讲，狗与当今的狼、熊、猫具有共同的祖先

洲虎和猞猁体形要小些，不如东半球的猫科动物凶猛，但对猎物的欲望却丝毫不差。

灭绝的猫科动物包括两种：一种是现存所有的猫科动物的祖先，它们是擅长奔跑的有蹄动物的天敌，动作敏捷、牙齿很短；另一种则动作缓慢，牙齿较长，靠跟踪大象等厚皮动物为生，它们在如今的地球上没有留下后代。渐新世的美国恐齿猫是这一脉的先驱者，虽然它们属于前一种，但它们的牙齿也显示出一些第二种猫科动物后来进化出来的特征。它们的脚很小，四肢修长，爪子则只进化了一点点。哪种野兽让它们有了胃口，它们就能追上它们，但它们肯定经常抓不住猎物。到了下一世，更强壮、更现代化的猫科动物出现了。假猫很像狮子和老虎，无疑是它们的直系祖先。到了上新世，第一种现代狮子诞生了。它们稳固地占领了美国南部地区，直到命运将它们全都带走。

在猫科动物的早期历史上出现了这样一种动物：它们的上犬齿很长，呈弯曲状，边缘还有着锯子一样的缺口。它们的体形大小和现代的豹子差不多，但后腿和前爪更大，显然也更有力。它们是最早的剑齿虎，武器装备和战术都和真正的猫有所不同。它们不是去咬猎物，而是用类似附肢的前肢抓住猎物，用上颚的长牙刺穿猎物，直到它们血液流尽而死。

在中新世和上新世，剑齿虎跟着食草哺乳动物群落遍及北美洲和欧洲。剑齿虎在冰河时代让北美洲和南美洲的食草动物闻风丧胆。它们标志着一个无情物种的黄金时代。它们的身体是魔鬼发明的最致命的死亡机器之一。剑齿虎上颚的长牙有25.4厘米长，下颚则笔直地垂下。这样它们就能将匕首般的长牙深深地插进猎物的脖子。有些南美树懒迟钝地过日子，用奇怪、弯曲的脚将自己挂在树上。剑齿虎觉得它们味道好极了。在更新世结束时，树懒依旧奇异地挂在树上。它们的骨头被风吹得嘎嘎作响。

⬆ 收藏于加拿大皇家安大略博物馆的恐齿猫化石。恐齿猫又名古飙，是猫科动物的先驱

尽管剑齿虎强大而精明，但它们也遭遇了危险。在不断扩张的洛杉矶市区西边是拉布雷亚沥青坑 ❶，现在是公园，但它过去曾是生命史上最致命的死亡陷阱之一。在更新世，原油从地下页岩渗透到地表，在阳光的照射下变成黏稠的沥青。风用沙土覆盖住油性的流沙，使在附近漫游的动物频频踩到较软的部分。食肉动物被下陷的有蹄类动物的叫声和挣扎所诱惑，来到

⬇ 剑齿虎。剑齿虎是猫科动物进化中的一个旁支，上齿可达 20 多厘米。剑齿虎从假猫进化而来

❶ 拉布雷亚沥青坑是位于美国加利福尼亚州洛杉矶汉考克公园附近的一组天然沥青坑。因为其上常常覆盖有树叶、灰尘或水等遮蔽物，动物等很容易失足陷入其中。因而，数世纪以来积累了大量的动物骨骸、化石。

了死亡陷阱的边缘。它们太饿了，所以不顾危险，直接跳了进去，把自己的尸体堆到了猎物的尸体旁。仅此一处就出土了数以百计的剑齿虎，足够世界上每一座博物馆收藏了。

　　剑齿虎很像现在的老虎，只是它们还长着军刀般的牙齿和粗短的尾巴。我们还不清楚它们到底为什么没有和老虎一样活到今天。南美洲出土的一个剑齿虎头骨保存了剑齿虎巨大的上颚獠牙的尖端末梢。它紧紧地固定在下颚的小牙齿之间，这只剑齿虎是被饿死的。一些权威专家认为，类似的命运也降临在了其他猫科动物身上。它们的獠牙长得太长，不再实用，并带来了灾难。许多标本上的獠牙在死前都折断了。要是它们没有獠牙，一定很容易成为其他猫科动物的猎物。对于它们为何最终消失，一个更好的解释可能是：它们捕猎的厚皮动物要么渐渐绝种，要么能够更好地进行自我保护。巨型树懒消失了，河马、犀牛和大象几乎绝种了，还在世间流连的那些动物则根本不害怕猫科动物，尽管狮子和老虎有时也捕猎它们的幼崽。长

🔅 如今的拉布雷亚沥青坑。拉布雷亚沥青坑出土了大量动物化石，其中以完整的剑齿虎化石最为闻名

🔄 海生哺乳动物蓝鲸。蓝鲸是现存世界上最大的动物，体长可达 33 米，重 200 吨

🔄 海生哺乳动物海豚。海豚大概是最聪明的海洋哺乳动物

着獠牙的剑齿虎可能只是又一个这样的物种：它们之所以灭亡，是因为它们固守着一种特定的生活方式，过于死板，无法适应这个不断变化的世界。

　　并不是所有的杀手都在陆地上狩猎。有些进入了大海，孕育了像鲸、海豚、海狮、海豹和海象等海生哺乳动物。就各方面而言，这些哺乳动物都可以和上一世的海洋爬行动物相提并论。它们的身体被塑造成鱼的形态，四肢变成了鳍状肢，用于转向和平衡，尾巴进化得更适合驱动身体。此外，它们的内脏被深深埋在脂肪里，以保持温度恒定。它们还长出了一些特殊器官，用于在水底时为身体组织提供氧气，并排出无用的二氧

海生哺乳动物儒艮。因儒艮有怀抱幼崽在海面哺乳的习惯，被认为是"人鱼"的原型

海生哺乳动物海象

海生哺乳动物海豹

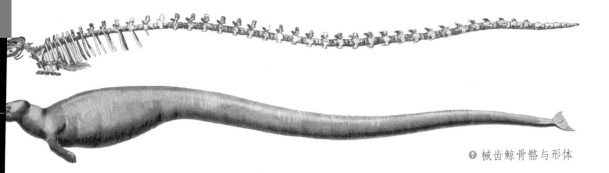

● 械齿鲸骨骼与形体

化碳。这些器官非常有效，现代的鲸就算感觉不舒服，依旧可以在水底安全待上两小时之久。它们的鼻孔会自动关闭，直接连接到气管而不是咽喉，从而阻止水进入肺部。它们的眼睛能够承受深水的压力，耳朵虽然完全长在头内，但通过共鸣膜与外界的所有噪声精妙地保持协调一致。

早在始新世，鲸就离开了大陆，完美地适应了海中生活。普罗坦鲸的牙齿非常像肉食性陆生哺乳动物。这一血脉后来在伟大的械齿鲸身上迅速发展到了顶峰。它们身长 15 ～ 21 米，但宽度只有一两米，体长的80%都是尾巴。这个极其有用的器官让它们在水中的游速能达到每小时48 千米，还能储存脂肪，以度过食物匮乏的艰难时期。它们的脖子很短，前肢缩小成了小桨，后肢则完全消失了。它们曾一度很强大，但在它们诞生的时代结束之前，孕育了它们的枝条就枯萎了，从生命之树上落了下来。

抹香鲸的祖先是长着鲨鱼般牙齿的小型海洋哺乳动物。在中新生代，100 多种鲸突然壮观地诞生了。虽然人类已经全力阻止，但它们的许多后代如今仍继续在现代的海洋里猎食着鱼类。须鲸明显来源于这些牙齿呈锯齿状的祖先。它们起初喜欢吃小型软体动物、甲壳类和鱼类。随着体形变大，它们就只是忙着吞掉猎物，根本没空咀嚼。它们的牙齿变成了能从水中吸取微小佳肴的装置，头则越长越大。这样才能捕捉到足够的食物来养育巨大的身体。它们的嘴变成了巨大的洞穴，足够装进约拿 ● 和他所有的朋友。最后，它们变成了史上最大的动物。硫底鲸长近27 米，重量近 90 吨，比史上最大的大象重 10 倍还多。只有梁龙曾接近其长度，但它们的重量只有10 多吨。

● 约拿（Jonah），《圣经》中的先知，据《圣经》记载，约拿在大海上曾被一头鲸吞下去，在鱼腹中过了三天三夜。

大带齿兽

长鼻跳鼠

羽齿兽

重褶齿猬

贼兽

阿法齿负鼠

普尔加托里猴

⬆ 原始的啮齿类动物

　　虽然时间和生活方式把鲸变成了最奇怪的哺乳动物，但在鲸脂下依旧有着和其他哺乳动物相似的身体结构和功能。它们在水中生活，所以失去了毛发。但即使在今天，它们的幼崽偶尔还是会用远祖的方式——身披毛发来到这个世界。

　　并不是所有的哺乳动物都把锋利的牙齿和爪子对准自己的同伴。啮齿类动物第一个将它们凿子形状的牙齿对准树木和坚果。它们一直蓬勃发展，今天已经是数目最多的哺乳动物了——如果不是最杰出的话。海狸、小鼠、大鼠、兔子、松鼠、豪猪、麝鼠和类似的动物在每一块大陆上都是我们熟悉的居民。蝙蝠则完全放弃了在陆地上讨生活。它们长着翼膜，以在空中追逐昆虫为生。

➡ 神奇的动物——树懒。树懒是一种懒洋洋的动物，夜行，终年生活于树木之上，行动极为迟缓。它还是唯一一种身上长植物的动物，身体因覆盖着一层藻类而呈现绿色。树懒主要分布在南美洲

树懒、犰狳和食蚁兽的祖先不幸同时患上了牙齿退化症和巨人症。树懒的祖先——大地懒，体形大得像一头大象，长着短腿、粗短的尾巴和夸张得离谱的巨大后半身。它们用弯曲的大爪子挂在树枝上，用没有覆盖牙釉质的无力的牙齿咬碎树叶和果实。它们像婴儿一样无助。它们的亲缘动物雕齿兽则是巨大的犰狳，有 4.5 米长，和一头犀牛一样重。它们的外壳保护着它们，在竞争激烈的世界里经历了许多变迁。在上新世，这些古怪的生物从它们的诞生地南美洲误入北美洲。剑齿猫和原始人类最终判定了它们的灭亡。只有它们那些不太引人注意的后代被允许活到了现在。

⬆ 神奇的动物——食蚁兽

⬇ 神奇的动物——犰狳。犰狳又称"铠鼠"，生活于中、南美洲和美国南部。它们是树懒和食蚁兽的近亲

食虫动物构成了动物中最有趣的群体之一。在所有活到现在的哺乳动物中，它们的改变最小。鼩、刺猬、鼹鼠和其他羞怯的动物藏在地下的洞穴里。它们都是从前某个重要种群的后代。哺乳动物在白垩纪分散进入不同的生活渠道，其中食虫动物一方面孕育了某种在陆地上狩猎的后代，后来它们变成了食肉动物；另一方面则孕育了某些在树上寻找水果的后代，后来它们变成了猴、猿，并最终变成了人。

当林耐选择"灵长类"这个表示"第一"的词来指代那些包括人类在内的动物时，他无疑更多想到的是人类的荣誉，而不是人类那些谦虚的表兄弟——猴和猿——的荣誉。另外，他无疑更多想到的是人类的大脑，而不是他们身体的其余部分，因为除了大脑，人类只是一种毫不起眼的哺乳动物而已。要是由马来选择陆地上排名"第一"的动物，那肯定会是有蹄类，而且它们有非常好的理由。因为许多有蹄类哺乳动物的特殊才能远胜任何灵长类动物。这一事实对许多肉食动物来说也适用。人类的荣誉感让他们必须认识到这一事实：他们的大部分解剖结构是原始的，因而也是低等的。没有动物能否定人类大脑的力量，尽管很多动物可能会觉得他们的精神并不见得出众。

⊙ 犰狳的祖先——
雕齿兽想象复原图

狐猴是现存的灵长类动物中最古老的一种。它们长着狐狸般的鼻子和口，在它们的头里面则是相对较小、较原始的脑。它们和往日一样在树顶出没，总是按陆生四足动物的方式用四只脚行动。它们毛茸茸的长尾巴只有观赏性，

❶ 狐猴。现存的灵长类动物中最古老的一种。现在主要生存在马达加斯加岛

但大眼睛在夜间活动时却十分有用。狐猴在早新生代的北美洲和欧洲数量丰富，但之后的年代里，地质记录中就找不到它们的影子了。但就在不久之前，它们又重新在马达加斯加出现了。如今，它们在当地的哺乳动物群中已占到半数之多。在亚洲和非洲的丛林里，也有着吉卜林❶所谓的"哀号的狐猴"。

所有其他的猴、猿和人被归于类人猿。这些平足的哺乳动物都长着十根有指甲的手指和十根有趾甲的脚趾，还有大而发达的脑。美国猴体形较小，是热带森林里宽鼻子的饶舌鬼，和人类的亲缘关系较远。东半球的猴子则体形较大，鼻子较窄，有些十分像人，足以引起某些人的强烈否定，这些人对不愉快的事实总是拒绝接受，即便这些事实显而易见。

类人猿包括所有用后肢行走的无尾猿。它们与人类源自同一祖先，之所以没有和人类划入同一科，更多是出于感情上而不是生物学上的原因。在类人猿中，东方长臂猿的体形最小，只有约 1 米高。它们夜里在地面上走动时会用指关节触地。而在白天，它们会在枝条间摇荡，每荡一次都有足足 12 米远。它

---

❶ 吉卜林指约瑟夫·鲁德亚德·吉卜林（Joseph Rudyard Kipling，1865—1936），生于印度孟买的英国作家。作品选材主要来自印度丛林和殖民地生活，其中动物故事《丛林之书》系列尤其著名。

树栖的苏门答腊红猩猩。
长着红色毛发，胖乎乎的
十分可爱。目前仅生存在
苏门答腊及婆罗洲低地

们在时机掌握、目标瞄准和肌肉协调等方面的能力都是完美的，是全世界最有成就的杂技演员。实际上，它们是其他杂技演员的后代——在这些演员毕业的学校里，犯错误的代价就是死刑。

苏门答腊和婆罗洲的猩猩都长着红色毛发，胖乎乎的，像人类一样笨拙小心地在树上爬行。非洲的黑猩猩则几乎和人一样高，但在树上十分敏捷。它们的亲戚和邻居——大猩猩则身高 1.5 米，重达 180 千克，异常可怕，看起来又十分像人。因此，传统上，人们认为它们有着恶魔的灵魂。但卡尔·伊桑·爱克力 ❶ 很了解它们，把它们描绘成温柔而爱好和平的野兽。

和许多其他哺乳动物一样，大猿也在衰落。生命总是处于循环之中，每个个体都要吃饭、生长、繁殖、死亡，种群显然也一样。人类很幸运，看到至亲骨肉坠向死亡时，他们并不感到困扰。因为他们所属的种群恰好处于上升曲线中，要有所成就的欲望深深植根在人类心中，他们相信进步。进步是文明人总挂在嘴边的一个词，但这个词却有着无数含义。它指的是某些人向往、而其他人并不想要的改变。进步与否最终是由其目的地决定的。人类为他们的奋斗、希望和恐惧寻找着终点，幻想在那里能找到安宁。但这些都是由欲望所产生的拟人化概念。大自然的观点与人类完全不同，大自然依旧是它的子孙的最高统治者。在所有和人类生命有所关联的事物当中，只有它是无限和永恒的。它要求整个宇宙都处在循环模式当中，所有的事物都将永远运行，但永不会到达终点。人类根本不必烦恼，他们最好还是怀着坐旋转木马的小孩的心态，好好地经历自己的命运曲线——他们享受这趟旅行，却并不会到达任何目的地。

❶ 卡尔·伊桑·爱克力（Carl Ethan Akeley，1864—1926），美国动物标本制作家、雕塑家、生物学家、环保主义者、发明家、自然摄影师，以对美国博物馆的贡献闻名于世，特别是对菲尔德自然历史博物馆和美国自然历史博物馆作出过巨大贡献。他被认为是现代动物标本剥制术之父。

第十六章
猿人的故事

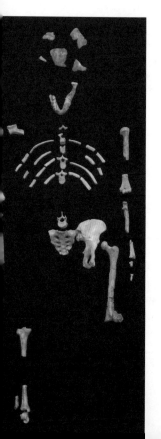

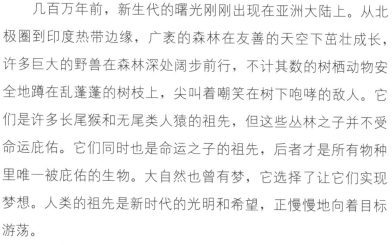

南方古猿露西化石遗存。1974 年由唐纳德·约翰逊等人发现于埃塞俄比亚。露西生活于 320 万年前，曾被认为是人类最早的祖先，后来被 1992 年所发现的始祖地猿阿尔迪所取代，阿尔迪生活于距今 440 万年以前

几百万年前，新生代的曙光刚刚出现在亚洲大陆上。从北极圈到印度热带边缘，广袤的森林在友善的天空下茁壮成长，许多巨大的野兽在森林深处阔步前行，不计其数的树栖动物安全地蹲在乱蓬蓬的树枝上，尖叫着嘲笑在树下咆哮的敌人。它们是许多长尾猴和无尾类人猿的祖先，但这些丛林之子并不受命运庇佑。它们同时也是命运之子的祖先，后者才是所有物种里唯一被庇佑的生物。大自然也曾有梦，它选择了让它们实现梦想。人类的祖先是新时代的光明和希望，正慢慢地向着目标游荡。

大陆慢慢上升，气温剧烈升高，树木开始凋零。猿猴们的天堂变成了炼狱，而这些树栖居民的生存离不开枝条繁茂的故乡。在喜马拉雅山脉诞生的过程中，亚欧大陆开始变形。原始森林被一分为二，彼此间的屏障不断上升。在它上升到不可逾越的高度之前，很多猴子和类人猿逃到了印度。它们的后代至今还在那里享受着和过去一样的舒适和安全。其他的树栖居民则在北方逗留了很长时间。山脉慢慢地升高，气候变得寒冷和干燥，森林则继续减少。猿猴们再也无法逃到南方去了，这个快乐的种群的幸存者备受折磨，濒临灭亡。还有些由于树木和热带水果大量减少，最后被饿死了。还有些则开始尝试着在地面上生活，但那里到处都有敌人磨牙吮血，许多弱小的猿猴都

人类进化演示图，以及大致的脑容量变化

被杀死了。这并不奇怪。最后，只有一种猿猴活了下来，在不公平的战斗中成了唯一的胜利者。它们就是命运之子，它们注定要成为人类的祖先。

　　人类的祖先不情愿地从树上爬了下来，但也只是把这当作最后的孤注一掷。在轻松而友善的世界里，它们只是个嬉戏顽皮的素食动物。但在地面上，它们却找不到自己熟悉的水果。实际上，任何食物都很少见。寒冷、干燥的气候已经威胁到它们的健康和幸福。它们的牙齿太软弱，爪子太迟钝。它们在新环境中无法保护自己免受强敌伤害，因为它们还缺少逃跑的能力。对它们而言，整个世界一片混乱，唯一的伙伴就是大脑的潜力。它们要么学会用智慧战胜环境，要么走向灭亡。最后，它们还是学会了战胜环境。

　　经过许多代的进化之后，尽管它们的子孙身体依旧像猿，但已经慢慢被塑造得适应地面生活了。其间，无数个体因无法适应新的要求丧了命，但在幸存者中诞生了人类的身体。它们不需要用胳膊在树枝间摇荡了，所以胳膊变短了，而腿变长了，大腿变直了，用于承受体重。大脚趾也变大了，并与其他四趾平行，这样它们就可以用脚底而不是脚的侧面走路了。它们渐渐学会了直立行走，双手也从行动中解放出来，成了心灵的工具。它们的牙齿和下颚不再需要承担自卫和觅食的责任，牙齿

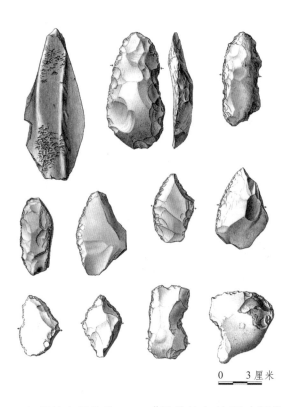

↑ 原始人制作的工具。制作工具是从猿到人很重要的一个标志，也是人类区别于动物的前提

0　3厘米

不再是生存所必需的武器，因此退化了。随着智力的增长，它们鼻口部和眉骨的隆起降低了；大脑、头骨和下巴则越长越大。人的模样渐渐成形。

现代人祖先的双手不再被树枝所束缚，他们学会了用木棒和石块保护自己，但这还不够。寒冷的天气继续从北极向南蔓延，食物和衣服是他们度过漫漫寒冬的必需品。他们必须成为猎人，必须跟踪大型野兽到它们的巢穴。黎明时代的人类做到了这一切，而且还不止于此。他们做出了雷米·德·古尔蒙❶所谓"最具特色的天才行为，人类应该为之自豪"——他们学会了用火。如果没有火，他们将无法继续进步。最终，在武器、衣服和火面前，来自天气和敌人的阻碍都退缩了。早期人类可以向各个方向漫游，可以提高共同生活的质量，可以发明语言，可以播下文明的种子。这就是人类崛起的科学历史，它在很大程度上是想象的产物。没有学者能确保其中的细节全部是真实的，因为故事的很多具体证据被时光腐蚀了。

无论我们对动物有怎样的偏见，都不能把人从动物王国分离出来。我们必须承认人类是哺乳动物，这一点绝不是对灵魂的侮辱。和其他哺乳动物一样，人类会给幼儿喂奶，有脊椎、温血、毛发、彼此独立的胸腔和腹腔。这都是显而易见的事实，否认它，才是灵魂的缺陷。人类在哺乳动物中的位置也同样显

---

❶ 雷米·德·古尔蒙（Remy de Gourmont，1858—1915），法国象征主义诗人、小说家、评论家，是法国后期象征主义诗坛的领袖。

而易见。他们肯定不是鸭嘴兽或者袋鼠的近亲，因为他们既不会下蛋，生下孩子以后也不会把婴儿装在腹囊里。但他们确实属于这样一群哺乳动物：他们的后代出生之前靠胎盘获取营养。在这些动物里，他们和马、大象、牛、猫、海狸或者鲸只是略有相似。不管我们喜不喜欢，我们都必须承认，我们人类和猿最为相似。他们的腿、胳膊、脚、手、牙齿、姿势，甚至包括血液和大脑在内，都与猿惊人地相近。

　　人与猿的相似性表明人类与它们拥有一个共同的祖先，过去的化石记录距离证明这一点还有漫长的路要走。人类祖先的真相被时间的重重迷雾所遮掩，但并没有完全被隐藏。已灭绝的人类和人形生物的骨骼尽管比贵重珠宝还罕见，但对于人类的历史极具说服力。有些人否认这些亡者讲述的故事，但人类的化石是不会说谎的。

　　爪哇岛上梭罗河两岸的岩石长期以来久负盛名，因为它们含有晚上新世或早更新世的哺乳动物的骨骼。1890 年，荷兰政

⊙ 原始人的生活复原图

府派欧仁·杜布瓦❶去挖掘这些沉积岩。他连续工作了好几年，从中出土了大量骨骼。其中的一个标本碎片会被永远铭记，即便它脆弱的碎片已经土崩瓦解多年。因为这是爪哇猿人的骨架，可能是在亡者的岩石墓葬中最重要的发现。

尽管只有头盖骨、左大腿骨和 3 颗上臼齿逃脱了被腐蚀的命运，但它们足以证明以前曾经存在过这样一种动物，比任何当代的猿都更像人类，比任何现在的人类都更像猿。这些头骨只有现代人头骨的三分之二大小，脑容量的大小应该在猿的最大脑容量与人的最小脑容量之间。这些头骨眉骨突出，前额低平。大腿骨基本是直的，说明这种动物和人类的体形大小接近，能够直立行走。大多数权威学者都认为，爪哇猿人更像人，而不是猿，尽管它们可能并未进入现代人类进化的主线。法国著名古生物学家马赛林·布勒和其他几位专家则坚信，这只不过是一只体形庞大的特殊长臂猿。但无论真相是什么，无论它究竟是我们的祖先，还是一只高贵的猿，爪哇猿人都打破了猿和人类之间的壁垒。如果猿和人类有着共同的祖先，像它这样的生物就应该存在。

虽然以人类所有的宝贵优点而言，爪哇猿人比如今最低等的人类还要低等得多，但它们在当时很可能是最高统治者。那个时代距今只有 100 多万年。这么短的时间在地质时代里几乎是可以忽略的碎片。从那时至今，只要提到类人猿祖先就会让很多人感到不快，但人类的确已经从猿向前进步了很多。通常而言，进化的速度不会这么快。阿瑟·基思爵士认为，爪哇猿人是上一世古老的幸存者，在其他地方还存在着与它们同一时代的尚未发现的物种。它们具有更多现代人的特征。

对寻找人类起源的科学家来说，智慧一直是个让人苦恼的问题，即便是最早的人类的智慧也不例外。尽管冰河时代早期的人类还十分原始，但也不是会愚蠢得丧命的动物。这个爪哇猿人无疑是溺水而死的。它的骨头很快被河流中的沉积物密封起来，没有暴露在空气中，因而免于腐烂。但

---

❶ 欧仁·杜布瓦（Eugène Dubois，1858—1940），荷兰人类学家，最早科学、系统地研究人类化石的学者，以发现爪哇人也就是最早的直立人化石而闻名于世。

它的朋友和亲戚却没能这么偶然地免于腐烂，它们死在平原或是森林，骨头重新化作了尘埃。在大航海时代到来之前，溺死一定极其罕见，而其他大部分人的死亡都没有时间留下记录。当早期人类学会避免溺水和埋葬死者，也就学会了摧毁自己生活过的最重要的证据。因为除非紧紧密封起来，远离所有腐蚀源，否则骨头总是要腐烂的。

❶ 原始人的艺术
再现

结果只有爪哇猿人的古老遗迹保存了下来。偶尔也会有新的发现，威胁着这些在爪哇发现的骨骼寂寞的荣光。但新发现的骨骼要么被证明并没有最初以为的那么古老，要么就保存得不好，无法讲清一个故事，其中有一些则根本不是人类的。最近，从澳大利亚一处古老的沉积地层中出土了南方古猿的骨骼，这种动物类似人类的小孩。等到我们完成对这些遗骸的完整描述，科学界就可以知道是否已经发现现代人类祖先的近亲。这些骨骼无疑不够古老，不可能是现代人类真正的祖先，它们也太像猿了，甚至不能和最低等的人类归为同类。此外，在其他大陆，包括北美洲、南美洲和非洲，尚未发现可以与爪哇化石碎片的古老程度相比的可靠人类化石遗迹。❶

更古老的是海德堡人。虽然他们只给世界留下了下颌骨及腿和脚的一些骨骼碎片，但海德堡人有着独一无二的荣光。这是第一个被所有权威学者认可的人类化石。他们生活在更新世开始前后，颌骨巨大，类似猿的颌骨，但缺少下巴，长着原始的人类牙齿。这正是人们期望中这种远古的动物应该长的。他们不是真正的人类，但也不是真正的猿，而是兼具两者特点的

---

❶ 因本书出版较早，未能与当前考古发现一致。实际上，在非洲等地所发现的古人类化石距今更早。——译者注

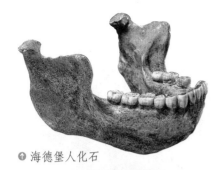
↑ 海德堡人化石

↑ 北京猿人头骨修复图。北京猿人脑容量平均仅为1075毫升，是现代人脑容量的75%

↓ "北京人"的生活地——北京西南周口店的龙骨山洞穴

一种过渡类型。

　　1929年12月2日，年轻的中国地质学家裴文中在距北京64千米处的一处洞穴沉积里发现了一个原始人头骨。之前在这一地点也发现过相同物种的骨骼碎片，以及剑齿猫和其他已经灭绝的哺乳动物的骨头。人们对发现的这个时代依旧有着很多争议，估计年代从40万年前到100万年前，区别很大。我们已经知道，尽管它的脸部缺失，但头骨部分几乎完整地保留了下来。从头骨的外观来看，北京人的生活时代和脑发育程度都比爪哇人和皮尔当人更接近现代人，但接近程度尚不如欧洲穴居人。

　　尼安德特人很可能是海德堡人的直系后裔，他们的化石是所有人类化石中最出名的。在西欧许多不同的地点出土的标本讲述着这个分布广泛的种族的故事。在尼安德特人身上，野兽的痕迹依旧明显。他们几乎不超过1.5米高，像猿一样弯着腰，用短小的四肢走路。他们的头骨很大，沉重的眉骨突出额头，下巴缩回，牙齿突出，头部向前探出。他们的脑很大，却很原始。尽管如此，但尼安德特人是人，是最早的西方穴居人。这是因为他们会用火，会制造做工精细的工具和武器。他们还会尊敬地埋葬死者。这证明在他们的心中已经隐隐感觉到，死亡并未带走一切。他们统治了欧洲几千年。在2万～2.5万年前，接近末次冰期结束时，他们被最早的现代人——更强壮、更聪明的克鲁马努人赶向了灭亡之路。这些克鲁马努人是游牧猎人，在空地和洞穴里露宿。他们身高超过1.8米，胸膛宽阔，强壮勇敢，才华横溢。他们的涂鸦、彩画和岩画水平远远超过出现得晚得多的古埃及人。后来，克鲁马努人最终被来自东方的移民种族取代，但新石器时代的人类故事已经属于考古学范畴，而不是古生物学范畴了。

⬆ 尼安德特人形象复原图。他们是最早的西方穴居人，会使用工具

从克鲁马努人诞生至今，人类的历史是一根完整的链条。不幸的是，在真正的现代人类诞生之前，这根链条是不完整的。就已知事实而言，科学家还无法解码人类的准确历史。我们尚未发现任何可能作为最早的现代人直系祖先的原始人类化石。但这种既不是猿也不是人，而是两者皆有的动物曾经存在过。这一点证据确凿，并且随着时间的推移，这些动物变得更加接近人。它们的骨头讲述着同一个故事，说明人类出身卑微。

今天的人类已经与任何现存的猿差别很大，因为他们进化了，而猿则退化了。但他们与上帝也相距甚远。自负的人类应该很乐意把自己看作类人猿祖先无限奋斗取得的辉煌成果，而不是神的堕落后裔。但大自然在制造我们的时候从不会考虑我们的自尊，它不过是用一种动物做模具，塑造了我们的身体。所以，无论怎样否认，我们也无法从自己的身体中分离出野兽的部分。我们所能做的，就是尽量从精神中排除兽性。

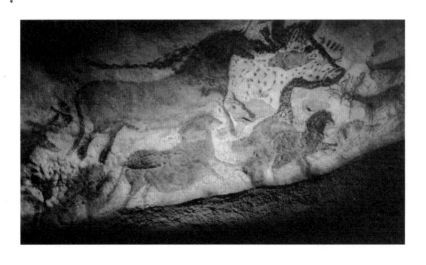

◀ 克鲁马努人的岩画。克鲁马努人是游猎牧人，他们已经有了相当的"艺术修养"。他们生活在距今4万～3万年前，更接近现代人类

第三部分

智慧的崛起

　　经历了漫长的岁月及生生死死的纠葛，或者生命体意识到强有力的肌肉并非与自然对抗的真正武器，抑或确有上帝之手那不经意地一挥，智慧生命悄然从灾难后崛起。人类，这个造物的宠儿几乎在一瞬间成为生命当之无愧的霸主，令万物仰视。这是悲还是喜？即便我们人类也无定论。

第十七章
苦难的生命之旅

　　新石器时代的某天清晨，在法国，一位瘦得皮包骨的萨满教巫师正磨着简陋的燧石刀。他身旁的苔藓毯上躺着一个女人，她的呻吟声盖过了附近山间溪流的潺潺水声。邪灵在她体内已经被束缚得太久，神的使者准备把它释放出来。他圣念坚定，从容不迫地开始动手。这位巫师完全无视女人痛苦的呻吟和扭动，慢慢地划开她的头皮，残忍又小心地割开头骨。燧石刀极其缓慢地钻着孔，切下一大块圆形骨片。邪灵从割开的伤口里逃了出来，女人也渐渐停止了挣扎，巫师的低吟取代了她的呻吟。随后他用浸了冷水的粗布绷带止住了血，这项毛骨悚然的任务就此完成。这是世界上第一例外科手术，就这样结束了——在一个人的头骨上钻了孔。整个人类从此向疾病拔剑宣战。

　　对研究生物化石的学生来说，疾病的起因是个颇有吸引力的主题，非常值得思考。曾经有过没有疾病的肉体吗？如果有，那疾病是在什么时

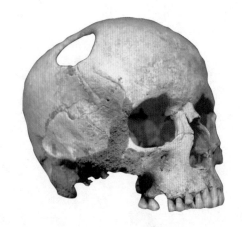

　　➜ 被钻孔的颅骨化石——新石器时代的头部外科手术。被实施这一手术的患者是一位女性。手术大约发生在公元前 3500 年。该化石目前收藏于瑞士洛桑的自然历史博物馆

候、因为什么原因混进来的呢？在前寒武纪行将结束的时候，地球刚刚开始在岩石上书写自己的历史，当时动物肯定已经成群存在了。由于某些因素，它们几乎没有在岩石上留下痕迹，或许是因为它们还没有进化出坚硬的骨骼，抑或是因为地壳运动破坏了这些痕迹。但也有少数几种生物在岩石上留下了些许生存过的记录。对这些记录的研究指出了一个最重要的事实：当时还没有疾病存在。细菌是存在的，但它们显然只关心自己的事，只是从无生命的物质中摄取营养。而高等生物，如蠕虫和甲壳类动物，还没有显露出半点儿玷污它们后代的那些缺陷。

我们对那个遥远的时代知之甚少。但就我们所知，那是个虽然消极却很幸福的世界，一个充满废物和水的世界。没有树，没有草，没有鸟，只有海底的淤泥在流动，海浪掀起无穷无尽

◆ 一代代的珊瑚虫死亡后，就会变成我们常见的珊瑚，进而堆积成珊瑚礁，甚至变成一座小岛。珊瑚虫对环境比较敏感，稍遇寒冷或者环境污染就会死亡。实际上，所有生物都会受到环境的"迫害"，但这并不是疾病

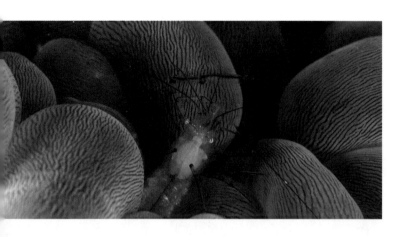

共生在生物界是非常普遍的现象。小虾等海洋弱小生物通常会与珊瑚等共生，依靠珊瑚虫的刺须来躲避天敌的侵害

的波涛；没有美，也没有发现美的眼睛；没有音乐，也没有聆听音乐的耳朵；没有品达罗斯[1]，也没有化脓性炎症！这是原生质的伊甸园。毒蛇是什么时候爬进来的？疾病是什么时候开始的？我们不知道，但蛇带来了毒汁，而疾病蹑手蹑脚地潜进了生物的毛孔里。

在寒武纪，海底的淤泥成了许多动物的坟墓，而疾病尚未出现。微生物——细菌们——还有着社会良知，还没出现感染这回事。虽然这个原生质伊甸园在地球上存在的时间很可能比人类还长，但它不过是生命史上的一页。古生代还没过完一半，生物的肉体就暴露出了弱点：蛤蜊和腕足类动物会在某些水域中毒，要么外壳变厚，要么体形缩小，同样，珊瑚虫稍遇寒冷就会死亡。生命面对环境总是充满艰辛。

这还不是我们今天所谓的疾病。疾病的特征不在于生命与无生命物质之间的斗争，而在于生命与生命之间的斗争。植物攻击动物或其他植物，动物攻击植物或其他动物，劫掠成性的细胞攻击遵纪守法的细胞——这才是疾病。当某种生物发现依靠其他生物生活更轻松时，就出现了寄生现象，疾病也就随之出现了。毫无疑问，在首次发现寄生现象之前，它就已经扎下了深厚的根基。毕竟，原生质一直都在寻找生活得更轻松的办法。

未来的灾难在泥盆纪的蜗牛身上投下了阴影：它们厌烦了

---

[1] 品达罗斯（公元前518—公元前442或前438），古希腊抒情诗人，被后世学者认为是九大抒情诗人之首。

在充满不确定的世界里为觅食而搏斗，发现依附在海百合的肛门上生活要轻松多了。容易相处的生物间往往也发展出这种温和的关系，在今天的生物中还能找到很多这种伙伴关系的例子。它们彼此轻微依赖、亲密合作。藤壶住在鲸身上，小鱼终其一生都生活在海葵的体腔内，藻类和真菌亲密共生形成地衣。但这种类型的关系总是很危险，组合中的一个成员可能会放弃同伴，不公平地占便宜，变成地地道道的寄生虫。

疾病很可能就是从生物建立亲密关系的愿望当中萌发的。现存的记录并不完善，但它们清楚地表明，这种合作关系很快就产生了彻头彻尾的寄生现象。熟稔会让生物彼此蔑视和占便宜。海绵和牡蛎可以住在一起，友好互助，它们确实也常常如此。但海绵可能会背信弃义，肆无忌惮地钻到牡蛎伙伴的外壳里去，这样它们的生活就变得更轻松了。

到古生代结束之前，许多合作伙伴都上当了。最低等的生物往往也最无法无天。有些细菌之前爱吃腐肉，如今又增加了对鲜肉的偏好。蠕虫钻进海百合的身体，让它们的茎产生病变。苔藓虫在腕足类生物体外结上硬壳，将其扼杀。寄生越来越盛行，而疾病从此也就出现了。

● 经过"长期的磨合"，有时候共生会变成一种让人无法察觉的状态——"婚姻美满"，真正地成为"生活联合体"。地衣就是这一现象的典范——地衣是由真菌与藻类（单细胞绿藻或蓝细菌）所构成的稳定共生联合体

生命在中世纪目睹了许多现代疾病的诞生。在此期间，肉体的生长力疯狂变强，在雷龙身上达到了顶峰——它们由足足 37 吨对人畜无害的原生质构成。这样庞大的身体无疑成了疾病的幸福猎场，原始的免疫力被慢慢削弱了。沧龙、蛇颈龙、鳄鱼、乌龟都患有现代人的大部分骨骼疾病，这些疾病带来的困扰在肉体上明显表现出来。白垩纪的一只角龙挺过了腿部脓肿病，当时它的脓肿有好几升脓液。另一只患痛风的沧龙则激起了研究者的同情，我们叫它穆迪。人类对中生代疾病的绝大多数知识都来自它。穆迪患有 15 种不同的疾病。这些疾病严重影响了当时爬行动物的生活，包括肺结核、骨骼坏死及各种骨质增生，甚至还有风湿和脓溢病！没人知道在这些已经灭绝的动物身上的软组织部分还有什么疾病，那些记录已经被腐蚀掉了。但我们可以认为，它们至少和骨骼疾病一样普遍。

到了始新世，哺乳动物的统治力开始初见端倪，生物慢慢变成现在的模样，现代的疾病也随之而来。南达科他州发现的一匹三趾马的下巴肿得厉害，只有长时间的感染才会造成这种状况。在早期哺乳动物的骨骼中几乎观察到了现代所有类型的骨折。就连当时的昆虫都惊人地现代化，在科罗拉多州发现的渐新世的采采蝇，就表明当时存在早期流行性传染病（可怕的非洲昏睡病）的可能性。最终，人类背负着疾病的诅咒，来到了这个世界。

化石遗迹表明，古代人类最早遗留下的蛛丝马迹中就有着疾病的种种迹象。爪哇猿人的大腿处无疑有严重疾病，皮尔当人的某种疾病改变了他们的头骨骨骼，最早的尼安德特人有过骨折。从法国一处新石器时代的墓葬中发现了 120 个人的骨头，其中超过三分之一的头骨上被钻过孔。奇怪

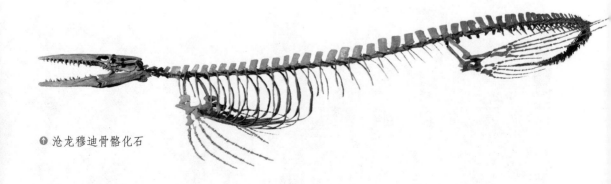

① 沧龙穆迪骨骼化石

的是，很多患者都熬过手术活了下来，后来才死于其他原因。目前发现的石器时代的头骨上最多有 5 个大洞，而且全部愈合了：让人头痛和发疯的魔鬼当时显然十分执着。虽然 1 万年前的治疗方法现在已然少见。但奇怪的是，在人类生活的少数蒙昧地区，如南海群岛、非洲北部、秘鲁的安第斯要塞等，这些疗法依旧盛行。

○ 采采蝇，又名舌蝇。雌雄都吸食人畜血液，能传播昏睡病

早期人类用来安抚愤怒的神祇或释放邪灵的办法不只有钻孔。被滚油烧焦的头骨说明他们很早就采用烧灼的方法来治疗精神错乱了。这种手术在许多情况下都伴有严重的术后感染，会留下确定无疑的痕迹。到公元前 2 万年时，旧石器时代的人类已经会截肢，通常是切掉小指。纹身及其他类型的划痕也十分常见，就像今天我们烫发或涂胭脂、口红一样。显然，它们的出现也是出于同一目的。

战争和狩猎在石器时代十分常见。因而在史前人类的骨骼化石中，几乎发现了如今所知的所有类型的骨折。一方面，许多骨折的骨头愈合良好，显示了原始时代外科的发展程度；另一方面，很多由伤口感染和骨折导致的骨骼变形也说明了史前人类所遭受的重重苦难。人们还从化石中发现了所有类型的骨骼病变。很多可能是由梅毒导致的，但并没有证据能证实这个祸害当时已经存在。结核病与其他许多骨骼疾病在早期的埃及人中肯定是存在的，某些木乃伊还提供了有力证据，证明当时已经存在血管硬化和天花。无论自然原因还是人类自身导致的疾病，在人类的整个早期历史中都很盛行。

无论检测人类遗体的哪个部位，都能找到丰富的证据，证明疾病的存在和治疗过程带来的无穷苦难。一个人想体面地死于疾病，一直是件困难的事。当时有许多患者死于手术，但这些手术在其他人身上却获得了成功。

我们刚刚短暂深入到达了历史的矿井，现在就让我们带一小块矿石回到日光之下吧———一个有趣而令人惊讶的结论：已经灭绝的脊椎动物没有患过新的疾病。它们的骨骼化石表明，它们患的都是现代动物和人类的疾病。物种有增有减，但折磨它们身体的疾病却一直向前，就像丁尼生❶的小溪一样，永向前方。

尽管疾病对个体而言影响十分巨大，但它并不能影响物种的发展。在疾病能稳固、持久地掌控生物肉体之前，动植物的整个统治时代来了又去，一半的生命史都已经写完了。三叶虫是龙虾的低等始祖和远房亲戚，在海洋还是生命唯一的家园时，它们曾长期统治着大海。比起它们的统治历史，人类的统治期根本微不足道。虽然它们最终还是衰落了，但三叶虫在漫长生涯里始终保持着对疾病异乎寻常的免疫力。即使是最后的幸存者，在努力对抗不可避免的命运之后，最终也是带着完美无瑕的身体辞世的。中生代的巨大爬行动物也用同样的方式来了又去，和三叶虫不同的是，它们不幸受到了疾病的影响，但科学家还未能发现一只因疾病而早夭的恐龙。这个伟大的陆生动物种群的最终消失，仍是生物进化史上的一个不解之谜。

虽然科学家对恐龙灭绝的谜团依旧百思不解，但他们认为疾病并不是恐龙灭绝的主要原因。因为在之后疾病流行的时代里，种群和个体反而普遍表现出复苏的趋势。尽管有时看起来疾病大获全胜，但在面对驱动众生的生命力，面对历史长河在生物间流动的物质永生时，它依旧无能为力。只有缺乏生命力

❶ 丁尼生指阿尔弗雷德·丁尼生（Alfred Tennyson，1809—1892），英国维多利亚时代最受欢迎、最具代表性的诗人之一。他在诗歌《小溪》（*The Brook*）中写道："我一直要流到菲力浦庄，去汇入江河浩荡，世上的人们有来有往，而我却永向前方。"

时，生物才会绝种。

古生物学家看着各个物种起起落落，但实际上他们只是看到演员和布景在变，戏却总是不断重演。因此，和厌倦不堪的剧评家一样，在最后一幕之前他们早就知道了结果。他们明白，死亡是对生命的惩罚。从鼹鼠到人类，所有生物都要付出代价。岩石是过去岁月的墓地，研究贝壳和骨骼化石的学生从岩石中看到被死神的刀锋砍倒的个体，同时也看到被砍倒的整个种群。地球上曾经行走过各种古怪的生物，但它们现在已经不能走了。就像人类会把自己的一部分留给儿女一样，有些已经灭绝的动物也在幸存的后代物种身上留下了一点儿不朽的特征。但其他许多动物都无可救药地灭绝了，和没有留下子女的人类一样，它们也没有留下后代物种。而让它们灭亡的原因又是什么呢？

古生代结束时，随之而来的气候变化肯定是物种灭亡的原因之一。单是寒冷就夺走了许多生物的生命。无脊椎海洋动物之前在炽热的阳光下变得虚弱而慵懒。随着冰期的到来，它们都沉入了冰冷的坟墓。少数几种较为活跃的动物则在远海中找到了避难所，那里距离冰川融化所形成的致命寒流相当遥远。陆地上的故事也一样。许多动物因冰川的到来而灭亡了，其他动物则被驱赶到环境更友好的地方。偶尔也有某个物种向寒冷的气候"宣战"，并取得了胜利。在最后一次冰期时，西伯利亚的猛犸是勇于抗击从北极来的寒冷气候冲击的种群。它们的亲戚都逃到了更加友善的热带。遗憾的是，尽管猛犸充满英雄主义，但现在已经因为种种原因灭绝了。

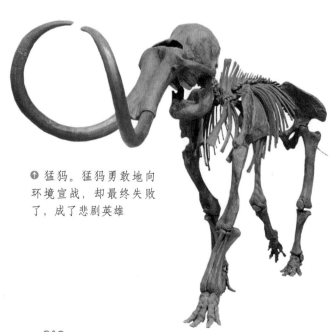

❶ 猛犸。猛犸勇敢地向环境宣战，却最终失败了，成了悲剧英雄

沙漠气候常常会改变生命溪流的河道，干旱帮助脊椎动物从水中解放了出来。要不是沙漠烈日用窒息和死亡威胁着泥盆纪的鱼类，它们永远也不会冒险从水里离开。水质恶化了，然后干涸，

⬆（左）两栖动物
学会了呼吸空气，
学会了用腿走路，
因此在环境变化时
得救了

⬆（右）非洲纳米布
沙漠中的沙漠壁虎

许多生物灭绝了，但也有几种动物学会了呼吸空气，因此得救了。在它们当中诞生了第一种两栖动物，它们在生命期里有一部分时间会用腿走路，用肺呼吸。

随着潮湿环境的回归，两栖动物成倍增加。它们从未失去对水的热爱，因为它们整个童年期都泡在水里，用鳃呼吸。但是，当沙漠重新袭来时，这个习惯是灾难性的。整族的两栖动物都嘶哑地唱起了两栖动物版的天鹅绝唱。❶ 其他一些两栖动物则逃脱了灭绝的命运，一直活到今天。但除了马克·吐温的跳蛙，它们从来没有取得显著的成功。❷ 少数几种适应性强的两栖动物孕育了爬行动物，它们一辈子都呼吸空气。但即使是爬行动物，也注定要向沙漠献祭。因为干旱再度降临，食物供应减少，许多"懒汉"都饿死了。更足智多谋的动物活了下来，孕育了更积极的恒温鸟类和哺乳动物。沙漠时代就和冰河时代一样，它们驱赶着被选出来的幸运儿，走过它们那些不那么幸运的兄弟的坟墓。

除了过度寒冷或过度炎热，极端的潮湿环境也能导致物种灭绝。在湿度增加时，食草性动物就遭遇了苦难和灭绝。因

❶ 西方古老传说中认为天鹅临死前会发出忧伤、动听的歌声。
❷ 《卡拉维拉斯县驰名的跳蛙》是马克·吐温短篇小说的代表作之一，故事里的红腿跳蛙也因小说而驰名天下。

为它们要吃的草被不能吃的有毒植物取代了。湿度降低也能灭绝某些食枝芽性哺乳动物，因为唯一能滋养它们的多汁树叶不见了。

不友好的气候让生物遭遇了痛苦和死亡，在它背后是地球的周期性震动。地球在慢慢缩小，地表不时出现褶皱。根据褶皱的时期不同，大气和海水的循环会发生变化。气候也会随之发生变化，并影响动物和植物的生活。溪水的流速加快了，把泥沙和淡水源源不断地冲进原本清澈的大海里。许多动物都承受不了这样的变化，如珊瑚。泥沙会让它们中毒，淡水会让它们窒息。有些珊瑚逃脱了，但其他的都灭绝了。有几种珊瑚幸存下来，开辟了一条生路，只不过和之前的样子比起来变得又矮小又扭曲。另外，在新生的岛屿上，随着种群日渐生长，食物日益减少，竞争也日趋激烈。身材矮小的设得兰矮种马就证明了岛屿生活的严峻性。在某个地方，有座山脉海拔升高了，将这片区域与世界其他地区隔绝开来。动物增加，食物减少，死亡就降临到弱者身上。在另一个地方，屏障降低了，强有力的外族就可以进入，消灭原先的栖息者。在剑齿虎统治的中间时期，北美洲和南美洲之间形成了一座陆桥。剑齿虎渴望新的狩猎场，便穿过陆桥，从北美大陆来到南美大陆。即使在当时，这些大猫也喜欢弱者的血腥味，南美洲的巨型树懒因此很快就灭绝了。这些例子及其他许多例子都说明，生物的命运与它们所居住的地球环境之间有着密切的关系。

但无论环境变化对个体而言多么具有灾难性，它都不能完全解释整个种群的灭绝。总有少数成员能逃脱厄运，将闪烁的生命火花传递下去。死亡最终是从内部到来的。

⬇ 身材矮小的设得兰矮种马。它证明了岛屿生活的严峻性

种群和人类一样，也会犯错误，并为此付出生命的代价。同时，种群也会变老，最后自然灭亡。

从生物最早开始向不同的方向进化的时候起，有些生物就不可避免地选择了通往坟墓的捷径。过度分化一直都是有抱负的生物所面临的诅咒。鱼类从河流游进海洋后不久，就尝试过许多种身体形态。各种奇怪的鱼类都曾成功一时，但它们都是错误的，

⬆ 坚头类两栖动物。它们最终被沙漠吞噬。它们的身体结构与原始爬行动物极为相似，因此有人认为它们进化成了爬行动物

所以最终被大自然埋葬了。保守的物种没有那么华丽，但它们更能根据不断变化的环境来塑造自我。它们的这些优点直到今天还留在后代的鳞片里。

后来的坚头类两栖动物也曾荣耀一时，但它们也为过度分化付出了代价。它们太愚蠢、太迟钝，在巨大的危机到来时无法应对。在生命被驱往陆地的时候，它们还徘徊在水边。最后，沙漠吞噬了它们的池塘，坚头类两栖动物也就灭绝了。

爬行动物曾在中生代统治了陆地、天空和海洋。它们中有着有史以来最大、最贪婪的陆生动物。很多爬行动物都极其适应它们的环境和生活模式。但环境改变之后，爬行动物中最骄傲的代表们都太过僵化，无法达到新的要求。到中生代结束时，沼泽干涸，冷空气入侵，以至于所有的恐龙都埋入了历史的坟墓。和它们一起灭绝的还有海里所有的大蜥蜴和天空中高傲的飞龙。只有简单的爬行动物活到了现在。

哺乳动物是生命大戏的现代主角，它们也不是毫发无损地从过去走到现在的。它们的历史也遵循着前辈所建立的模式，消失的并不是那些始终保持简单、随时准备改变的物种，而是充满壮志雄心、在无常的环境中建立了持久性的物种。当森林不断萎缩，只剩草可以吃的时候，古老的雷兽就带着它们吃枝

芽的牙齿饿死了。在生存和速度逐渐变成同义词时，笨拙的有蹄钝脚兽就跌跌撞撞地迈向了死亡。和之前的其他动物一样，当世界不再友善，它们就灭亡了。但是，如果它们的身体里没有埋下死亡的种子，那么即使历尽沧桑，它们也应该是能够活下来的。

退化和过度分化一样，通常预示着种族的灭绝。一种古生代的蜗牛放弃尊严，选择舒适，像寄生虫一样住到了邻居来之不易的身体里。它们过了相当长久的轻松生活，但最终得到了应得的下场。在决定性的时刻到来时，它们已经变得太弱小了，无法再做出让它们活命的改变。很多物种在濒临灭绝之前，都表现出了标志性的身体退化。有几种恐龙失去了牙齿，随后就丧了命。无齿龟、无齿鲟鱼和无齿鸟类都曾拥有令人印象深刻的牙齿。它们都被灭绝之爪抓走了，可能只有无齿鸟类除外。

如果动物长得比祖先和亲缘动物个头都大，也就被打上了死亡的烙印。生长力在过去曾一再地肆意妄为。有个寓言说青蛙想把自己吹到和牛一样大，而在生物史上，这是反复出现过许多次的事实。蛤蜊不是庞然大物，当它们企图长成庞然大物时，只能迎来死亡。古生代的许多贝类亦然，它们觉得自己的生命不够光彩，想要变成巨人，但在努力之下却燃尽了自我。中生代的巨型蜥脚类恐龙身长20米左右，重达30余吨，不仅是种群中体形最大的一个，而且也不幸成了最后一个。鲸、大象、河马和大猩猩都是各自种群中有史以来体形最大的，也都在与死神进行着必败无疑的战争。活着的狗比死了的狮子更好，但生活在大自然的动物园里的狗很少懂得自我欣赏。

⬇ 传说中的雷兽。它们是生活于始新世和渐新世的一种奇蹄目哺乳动物

种族生命力衰退的一个完美标志是刺的出现。很多简单的物种灭亡时身上都长满了刺和脓疱，其中尤其值得一提的是腕足类动物、头足类动物和三叶虫。有种石炭纪的蜥蜴套上帆就能当帆船开，但它们很快就消失在地平线上，再也没有出现过。有种中生代的恐龙是会走路的活碉堡，身上长满了甲胄和刺。面对任何敌人的进攻，它们都可以一睡了之。但它们的种群已经耗尽了生命，作为子孙的它们很快就陷入了永久的沉睡，留下的唯一后代只是它们的骨殖。

如果生命追求的是永恒，那它们一直都选择了错误的方式。某种珊瑚在温暖、清澈的水里生命力旺盛而高效，但水变冷或变浑浊时就灭绝了。某种恐龙身材肥胖，爱在泥水里打滚。它们进化出来的优势在沼泽干涸时就成了致命的弱点，这正是聪明反被聪明误的写照。在某种环境下进化出来的器官和生活方式，不可能在一天之内就完成改变，以适应完全不同的情况。少数生物一直保持简单，不求上进，微不足道。它们这样做却避免了灭绝的命运。像卑微的灯笼贝就一直活到今天，它们曾住在奥陶纪海洋的烂泥里，现在住在太平洋的烂泥里。它们对住在烂泥里十分满足，会继续留在那里逃避死亡，而其他追求效率的动物却只得到了灭绝的命运。

◐ 蛤蜊（左）。如今的蛤蜊已经成为人类厨房里的美味。巨无霸般的史前巨蛤，我们只能在科幻电影中偶尔一见

◐ 生物在环境中进化出的优势，会因为环境的变化而成为劣势（右）。或许只有像贝类这样保持简单的生物，才能够得到永生

人类的未来又会如何呢？智慧和精神的力量已经把人类推到了生物进化的最高峰。由于伟大的统治者特征性的谦虚，他们一直在窃窃私语地自我赞美。但他们的观点是有失偏颇的，牡蛎可能持有不同意见。毕竟，人类并不像他们自己认为的那么安全。他们身体虚弱，许多器官都失去了用处，有朝一日这可能成为他们的毁灭之源。就算是他们的智慧，经过2000年的精心教化，也并没取得明显的进步。或许大自然又厌倦了它的宠儿，在准备新的计划。人类自身不太可能孕育出更高级的物种。对过去生物的研究表明，进步总是从平凡的行列中产生的。某种简单平凡的两栖动物孕育了最初的爬行动物，某种相对不显眼的爬行动物孕育了最早的哺乳动物。特殊的类型被它们的特殊性所限制，已经失去了可塑性，无法做出任何巨变。人类靠智慧征服了世界，在这方面没有任何生物能接近他们的能力。但霸王龙也曾靠蛮力征服了世界，可怜的小哺乳动物匍匐在它们的脚下。它们根本不屑一顾，但正是这些小动物掠走了霸王龙的荣誉。

　　生命还会继续。尽管个人和种族的命运都不确定，但生命之火是不会熄灭的。生命会继续以无穷的活力奋斗下去，直到地球变得太热或是太冷，直到它失去大气层，或是与一颗星星相撞为止。统治地球的人类尽管极其柔弱，但他们的统治方式却是前所未有的。对他们而言，未来还大有可期。折磨他们的疾病肯定不会让他们灭亡。虽然他们已经高度分化，而分化的生物都必死无疑，但大戏才刚刚开场，在最后落幕之前，说不定他们还能学会如何挫败物种的复仇女神。他们的脑子里有智慧，心中有信仰，唇边有微笑，说不定能靠这些胜过变化无常的大自然。如果他们不幸未能摆脱生物共同的命运，归根结底，失败的也只是他们的肉体——肉体总是个相当大的麻烦。

第十八章
人类的繁衍

　　生命还要继续。原生质经过地球不断变迁造成的种种折磨，经过寒冷的冰川和干旱的沙漠，经过洪水和饥荒之后，以越来越旺盛的生命力走向未来。虽然在个体身上，生命的火花摇曳得虚弱无力，但种群始终燃烧着稳定的火焰。地球上的物种整体在任何时候都拥有比个体强大得多的力量。生物肉体的繁殖力极其强悍，无数大灾大难都一直无法消灭它。所以，从有自我意识的生物最早的记录开始，生殖力就一直是人们惊叹和崇拜的对象。这一点显然毫无奇怪之处。

　　当梭罗说到"对于认为性爱并不纯粹的人，大自然里将没有花朵"时，他确实是毫无保留地热爱着大自然的。尽管他生性叛逆，但对他而言，生命和它的过程是美好的、有尊严的。因为性爱让生活成为可能，所以性爱也是特别美好、特别有尊严的。但是，当卡贝尔在四分之三个世纪之后说出"残酷而肮脏的出生过程，无法言说的死亡腐败"时，他则说出了现代

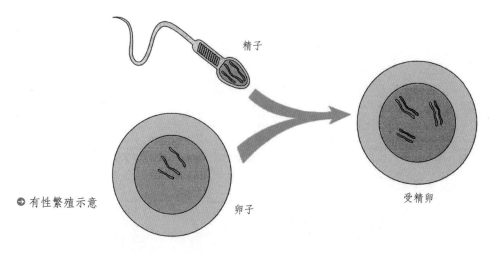

精子

卵子

受精卵

→ 有性繁殖示意

人对事物一成不变的厌烦。❶ 我们开始怀疑大自然并不是为了它那几个会思想的子孙的欢愉来安排世界的。

大自然发明了有性繁殖，通过这种方式让它那些早期的、不那么雄心勃勃的孩子保持不朽。它用近乎天才的方式解决了一道难题。有性繁殖机制足以满足简单生物的简单需求。这一点通过它们千百万年的有效繁衍，已经得到了证明。之后，它开始用一种新型机器制造身体，但实际上却用了同样的旧发电机，只差一步，它就可以成就完美。它折磨着人类的心灵和身体，因为它没有预见到人类的爱情生活不可能像牡蛎的繁殖机制一样顺利运作。如梭罗，尽管他歌颂性爱的纯洁，死的时候却是个无妻无子的单身汉，这的确很讽刺。

❶ 无性繁殖示意。与有性繁殖对应的是无性繁殖。我们日常所见的草莓和吊兰，经常都会用无性繁殖的方式来繁衍。剪下匍匐茎上的新生幼株栽种下去，就会成长为一株新的草莓或吊兰

当大自然听到人类说什么"简单生活，高度思想"时，肯定很得意。它从一开始就拒绝给予孩子们这种行动组合。在众所周知的并不太好的"过去的好时光"里，至少所有生物都还具备简单性。生物都没有心脏、胃或性器官，它们都极其理想地缺乏许多进行高度思想的障碍。但是，自古以来，大自然的一举一动总是打着滑稽而残忍的烙印。因此，它不肯在原生质布丁里倒入一种不可缺少的成分。当它最终纡尊降贵地把智力加进去之后，那罕见的滋味就已经完全消失在一锅"乱炖"里了。

想想保留了远古传统的变形虫吧。它们没有胃，但能进食、能消化；它们没有鳃也没有肺，但能呼吸；它们没有鳍、翅膀或腿，但还是想去哪儿就去哪儿；它们没有大脑，但照样活得好好的；它们没有生殖器官，却比其他任何生物都繁殖得更高

---

❶ 詹姆斯·布朗奇·卡贝尔（James Branch Cabell，1879—1958），美国幻想小说作家。这句话出自他的小说《超越生命》。

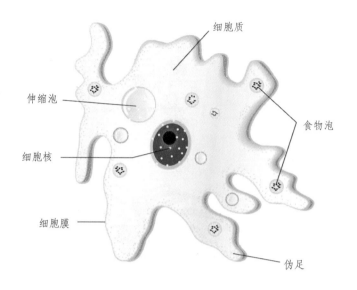

细胞质

伸缩泡

细胞核

细胞膜

食物泡

伪足

↑ 变形虫。变形虫俗称"阿米巴"，是一种真核生物，无性繁殖，结构简单。因体内原生质的流动而产生各种形状的突起，即"伪足"。变形虫以此方式移动，这也是它名字的由来

效、更多产。它们的身体用肉眼根本看不见，但能做的事却和重达 40 吨的恐龙相差无几。实际上，在它们极其简单的身体里有的是办法，这让它们在恐龙灭绝多年之后照旧活得很好。

我们不知道生命是什么，而只能从它的表现形式上去认识它。即使是身体组织非常简单的变形虫，同样也是化学活动和物理活动的沸腾旋涡。这是它们在世上的主要特征，也是它们那些更高级的亲戚的主要特征。躁动不安是生物世界的普遍特征，可能会让人认为这就是生者与死者之间的显著区别。但现代物理学认为，这种区别更多是表面上的，而并非真正的。因为泥土中的原子也翻腾着同样的旋涡。或许整个物理世界都有一种共同的能量，原生质的活力不过是它的一种更发达、更特殊的表现形式而已。但无论这种活力是什么，无论它从何处起源，它都一直是有史

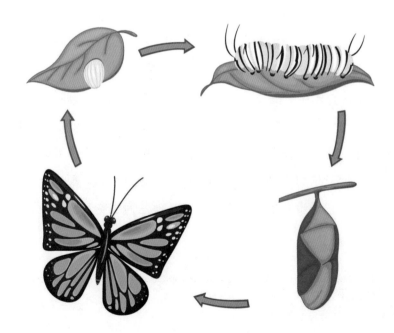

◉ 蝴蝶的生命循环

以来所有生物的所有成功、所有失败、所有欢乐、所有痛苦的源泉。

生命世界里有无数的生物。它们有无数的功能，但有一个过程占据统治地位，并联系着所有的能量，那就是营养。进食、生长、繁殖、死亡，这是绝大多数动物和植物的生命过程，但这些过程只不过是营养的方式、营养的结果和营养的失败而已。大自然在营养这个题目上有着无穷无尽的变化，性仅仅是这些变化中的一种。

在最初的时候，所有的生物大概都是以变形虫的方式进行繁殖的。现在，所有的单细胞动植物还是用这种古老的传统方式进行繁殖，甚至一些高度进化的生物也是如此，如扁虫。这个方式很有趣，因为它是无性繁殖。生命在死寂的地球上获得立足之地以前，必须先解决一个问题：如何在原有物质消耗完毕之前获得新物质。所以，当最初的一点儿原生质以环境为代价，成功生长起来的时候，它已经解决了一半的生活问题。

但生长让生物遇到了一条普世自然定律的有力阻碍，根据这条定律：当球体半径增加时，体积将与半径的立方成正比增加，而表面积仅与半径的平方成正比增加。因为所有生物都是通过体表获取营养的，所以它们长得越大，就越难继续长大。于是，第一个生物简单地把自己分裂成两部分，从而成功地绕开了这个障碍。它因此解决了另一半的生活问题。

⤵ 分裂生殖：一个简单生物通过细胞分裂，维系了生命的活力，实现了繁殖。这也是无性繁殖的一种

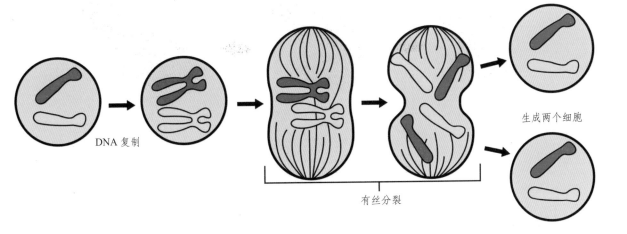

DNA 复制   有丝分裂   生成两个细胞

在这个简单的解决方案中，我们看到了生长和繁殖之间的密切关系。后者只是更加方便地延续了前者的过程。就算繁殖并非营养充足者的特权，却是营养充足时的必然选择。这条规律只有少数例外，其中值得注意的是人类的智慧造就的改变。营养充足的人类摆脱了这种必要性，不再把繁殖当作特权。他们热衷于自杀，这体现了大自然一种全新的心情。要知道，在人类诞生之前，大自然一直致力于不仅要生出更大、更好的子女，而且要生得越来越多。

这种双重目的最终产生了许多问题。当动物和植物的身体变得越来越大、越来越复杂之后，它们不能再继续通过简单分裂进行繁殖。不仅分裂行为会消耗太多时间和能量，而且将分裂后的两部分重组为完整个体的过程也是如此。天敌能轻易找到猎物，这样就达不到繁殖的目的了。正是这个原因使生物界创造了出芽繁殖的过程。

现在，海绵、珊瑚和其他许多进化水平与它们大致相同的动物还依旧靠这个古老的方法进行繁殖。我们从中仍然可以看到生长和繁殖间的亲密关系。比如，海绵的某一部分能够比其他部分捕捉到更多的食物。它们越长就离母体越远，并经过物质重组，变成了整体的某种袖珍版。最终，芽舍弃了母体，自己长成了另一只海绵。这就是出芽繁殖。

出芽繁殖一直是有效的，但随着动物渐渐变得愈加复杂，身体失去了一定的生长能力。对它们来说，无论是分裂繁殖还是出芽繁殖，代价都过于昂贵。人类无法负担起把自己身体的大部分交给后代的代价，他们无法

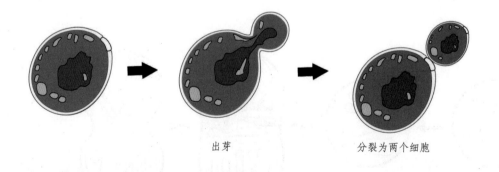

出芽　　　　　　　　　　分裂为两个细胞

⊕ 出芽繁殖示意。出芽繁殖是指生物由母体的一定部位生出芽体，芽体逐渐长大并与母体分离，进而形成独立生活的新个体的生殖方式

替换失去的部分。他们不是蠕虫，可以把一半身体拿来喂鱼，还能用剩下的部分愉快地再生出失去的结构。大自然和所有挥霍无度的人一样，只能过简朴生活。为了让一对鳕鱼活下去，它不惜让 100 万条幼鱼死去，但它不会危及父母的生命，只不过强迫它们为下一代多准备几个卵子和一点儿精液而已。但这样的精打细算也只是随心所欲。在某些蠕虫、蝴蝶和鱼类身上，它不仅牺牲了父母，也牺牲了绝大部分子孙。

⊙ 性行为既满足了个体的需要，也使种群得以兴盛繁荣

　　没有人知道有性繁殖是在何时何地出现的。我们可以认为，当大自然开始增加子女身体细胞的数目，并给不同的细胞群赋予特殊目的时，它就在诸如进食、游泳、呼吸等目的之余加入了繁殖这一分工。甚至在它把动物和植物的身体变复杂之前，很可能就已经试验过了性功能。现存的某些单细胞动物进行的无疑是有性繁殖，或许它们正是在重温那些没有保留下任何有形记录的早期实验。这些生物（如草履虫）展示出的性功能的重要性在于：它们的这一功能并不涉及性别元素，而且与繁殖完全无关。草履虫的性欲和变形虫的分裂繁殖、海绵动物的出芽繁殖一样，主要是为了生长，而不是繁殖。

　　这些小动物中偶然有两个嘴对嘴地拥抱，交换体液，然后又分开了。这种行为让它们以自己的方式极大地重新焕发了活力：胃口变好了，身体更轻盈了，有了充足的精力高效率去面对生活中的问题。虽然在我们看来，它俩都和之前别无二致，但这种单纯的结合行为让它们拥有了从未有过的生命力。如果我们能够理解这种最简单的性行为中固有的兴奋作用，就不仅能更好地安然享受自己的性生活，或许还能为生命下一个定义。

草履虫是通过简单分裂进行繁殖的，我们没有观察到这一过程与它们的性功能有任何关系。这种性满足与繁殖相互分开的做法可以被认为是原始的，是性机制刚刚出现时的一种生存条件。在这种古老的做法中，我们看到了同居试婚的原型。有些人称这样的男女关系充满了甜蜜和尊严，他们会为这样的事实感到高兴：这种关系几乎和生命本身一样古老。同时，他们也多了一个为自己辩护的论据：这种做法至少和其他许多做法一样有效。但是，在性进化史的大部分时间里，性生活既是为了满足种族的需求，也是为了满足个体的需求。此外，性功能不再由整个身体负责，出现了专门负责性功能、而不再承担其他功能的器官。这些器官最初无疑非常简单，产生的细胞都能够无差别地长成新的个体。后来进化出了两种在生理上有所区别的细胞，它们结合起来才能生出新个体。最后，雄性和雌性元素完全分离开来。它们的器官也被安放在不同的个体当中。

　　在生物获得有性繁殖的复杂机能之前，它们关心的主要是环境。它们会以同样的方式遇到同样的问题，不管结果是失败还是成功。而随着有性繁殖的到来，每个物种的内在基本特征发生了一次意义深远的分裂。被选择成为雌性的生物所面临的生活与雄性生物截然不同。前者变得被动保守，后者则变得更加活跃和挥霍无度。没有谁能逃脱这种差别。准妈妈们会把精力放在为腹中的胎儿储备营养上，要是她们试着去跟上雄性伴侣的步伐，高级动物就要踏进坟墓了。生物的身体因为性别分化而变得更加复杂，性能力最初只是一种可有可无的次要能力，最终却几乎吞没了整个

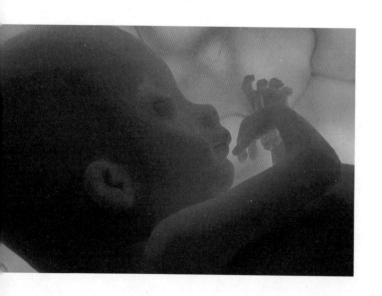

🔻 在母体中安详睡眠的胎儿

生物世界。牡蛎对现状显然很满意，但比它们更聪明的生物偶尔会反抗。有这样一个物种，他们中的男性有时写诗，女性有时投票。他们以许多种不同的方式证明，性和智慧结合起来，能产生出许多矛盾冲突。

有性繁殖对所有采用这种繁殖方式的物种都会加以惩罚。它强迫它们对繁殖保持忠诚，就像强迫被征召入伍的军人对政治家保持忠诚一样。在人类诞生之前，大自然的目的十分简单——要不惜一切代价让生命延续下去。即便代价是母牡蛎和几千只小牡蛎的死亡，结果也是值得的。但是，如果说迄今为止智慧为人类做过什么重要的事，那就是让他们成长为个人主义者。无论是住在丛林小屋里的最低等的蛮族，还是著名大学里最荣耀的校长，都同样珍视自己的生命。为了保住自己珍贵的生命，他们宁愿让整个人类灭亡。如果仙女座不反对，他们同样愿意让它在苍穹中消失。

对人类而言，放在性的祭坛上的生命奇观是令人厌恶的，但它却在我们身边到处都是。在某些情况下，大自然只关心种群的福利。这完全蒙蔽了它的双眼，让它忽略了个体的需求——如果不能说这是权利。雌性蜉蝣在产卵之前身体必须胀破，因为大自然忘记让它们长出生产孔了。同样，成功与女王蜂交配的雄蜂则必须为胜利付出生命的代价。而其他所有失败的雄蜂却将获得生命作为失败的奖赏。我们在高等动物的身上也会看到某种形式的自私。

和牡蛎一样，我们也分男女，男性精力充沛、容易冲动、勇敢好斗，女性被动、保守、羞怯、温柔。和牡蛎一样，性满

足的快乐也把我们诱惑进生儿育女的痛苦中。虽然我们会用父母和孩子的性命去反抗这种奢侈的做法，甚至会怀疑这是否得不偿失，但我们都被遗传的链条束缚着。实际上，人体性感反应区的组织比其他任何生物的都更加敏感。在各种触觉和精神刺激下，这些组织吸引我们可以常年进行性行为。

但真正恶劣的是，低级动物可以毫无意识地服从性欲的要求——它们随意地大量繁殖，然后靠运气存活。它们的性关系具有周期性，但相当随便。它们对生下的后代很少加以保护，即便略加保护也完全是出于本能，在幼体出生前也是一样，当时它们还孕育在母体当中。人类却不同，他们反对不受控制的繁殖，也反对漫不经心的抚养。到目前为止，他们已经形成了禁止这些做法的思想。这让他们能够更好地利用自己奇异的特权，来塑造下一代的命运。

在大学校园里，春天洋溢着生命的活力。雄画眉鸟在草坪和树干上追逐着心仪的异性。学生成双成对地沿着小路闲逛，男孩和女孩随意地思考着一切：从柏拉图到足球赛，从跳舞到恋爱。现代社会已经消除了他们之间的许多障碍，不过，他们的玩笑背后掩藏的仍然是和画眉同样的本能，所以他们谈的主要还是性。他们很多人终于毕业，在用不计其数的时间讨论职业生涯和道德伦理之后回了家，同时也回归了父母辈的哲学。无论是

否受教育，人心的需求都是一样的，所以这些年轻人一边嘲笑着维多利亚时代的习俗，一边却追求着维多利亚时代的美德。❶

一夫一妻制一直是件紧绷绷的旧大衣，但为了保护人类免受生活中的风暴侵害，它依旧是被认可的装束。大多数人类都想穿上它。对性机制而言，它仍然是种最不合常理的反抗，但它提供了一面墙，保护着人类心灵的成长。他们的后代是地球上最软弱无助的生物，但在这面墙背后，他们可以养育和保护后代，直到后代成熟。我们知道，他们这么做一部分是出于本能，我们也相信，另一部分是出于心甘情愿的爱。弱者总会被强者怀抱着，一夫一妻制遵守的法律始终是由人类自己制定的。这一制度是人类有史以来用智慧和精神制定出的最好的独立宣言。不幸的是，它往往会失败，因为它强制分配了性资源，但

⬇ 牵手到白发苍苍之时，幸福都是满满的

❶ 维多利亚时代，一般认为时限是 1837 —1914 年，即从英国维多利亚女王的统治时期到第一次世界大战开始。这个时期被认为是英国工业革命和大英帝国的巅峰时期，是英国最强盛的所谓"日不落帝国"时期，维多利亚时代以崇尚道德修养和谦虚礼貌而著称。

→ 动物中也有少数一夫一妻制的现象，企鹅就是其中比较典型的，有时候一方意外死去，另一方甚至会殉情自杀。当然，企鹅的一夫一妻制也仅局限在一个生育季内

并没有从生理上改变它。它的安排十分崇高，但基础却和牡蛎一样，并不牢固。

虽然人类完全没有改变自己的基础生殖机理，但他们已经学会了根据自己的喜好来安排特定的结果。感谢李斯特❶、巴斯德和他们的弟子，令败血症不再在分娩时夺去一半妇女的生命。之前人们用流产的方法进行节育，既危险又令人厌恶，但现在它慢慢被避孕用具取代了。在许多方面，现代人都开辟出了新的进化之路，既能保持乐趣，又消除了生育过程的痛苦。也许有一天，他们能在满足自己的性欲之余，把生殖的其他工作交由实验室技术人员来完成。

但是在精神上，这将是悲哀的。爱情真正的母亲应该是疼痛，而不是快乐。或许在对抗大自然的繁殖方面，我们走在正确的轨道上。过度繁殖，然后靠运气存活，这种做法并不适合智慧生物。但不幸的是，我们也许能够消除这种做法，却对性欲束手无策，后者太能与我们所谓的"高尚生活"

---

❶ 李斯特指约瑟夫·李斯特（Joseph Lister，1827—1912），英国外科医生，外科手术消毒技术的发明者和推广者。

唱反调了。只要人类男性在性欲旺盛的成年期能继续产生 3000 亿个精子，他们就会一直面对与更高尚的本性作对的危险。

或许科学有朝一日能发现一种无害的办法，从源头上抑制这整整 3000 亿个精子，但从根本上改变人类性机制的日子可能永远不会到来。自然界有着非常古老的传统，反对我们这么做。至少在享受欢愉方面，人类和大自然的其他子孙别无二致。如果跟一个走在大街上的人建议说牺牲一部分性欲就能换得自由，他的答案将会是有多远滚多远。

但是，人类的希望并不在于身体发生任何根本性的改变。至少就目前来说，我们必须接受老天赐给我们的身体。人类的希望在于智慧和精神的潜力。性欲之水无疑将继续欢快地流动，但我们不必被它冲回牡蛎的河床。我们可以有意识地用更深刻的生活方式将它分流，如爱情、艺术和思想。这样，我们不仅可以避免性暴政，还可以反过来奴役它的旧主。随便翻开一张报纸的头版，我们都能看到，这样做并不容易。但总有少数人过着宁静而丰富的生活，证明这样做是可能的。少数人自己学到的东西，就有可能教会其他人。在学习问题上，谁又能说"慢工出巧匠"不是一条真理呢？！

第十九章
大自然在自我重复中进化

性并不是人类沉重的肩膀上背负的唯一遗产。从忧郁者的哭声中可以判断出，思想和习惯的标准化摧毁了人性的美丽之花。几乎每一座房子都会有和其他 1000 座房子相同的建筑模式，它们都会面临对"罪恶的统一性"的抨击。但个人主义的批评家很少想到：这样的房子，甚至这样的抨击，都是一种值得尊敬的传统的产物。我们所生活的世界对所有人而言，是大体相同的。尽管我们肤色不同，彼此间却有着足够的相似性，能被科学归类为同一个物种。任何物种的行为变化范围无疑都很有限，无论是人类、老鼠，还是蚯蚓。在同一物种的不同种类之间的差别就更小了。因为大自然对原创性进行了严格的限制，所以 100 万条鳕鱼都用同样的尾巴游泳，100 万人都住在丑陋的小房子里，却仍然相信政客会遵守自己做出的承诺。

世界上最古老的传统就是千篇一律。不仅同种生物在身体和行为上很类似，完全不同的生物在完全不同的时代也会以基本相同的模式遇到基本相同的问题。我不用特别费心就知道你的身体和我的一模一样。但是，明明有 100 万种方式，我俩的行动和思考方式却依旧类似，认识到这一点让我十分恼火，就像它肯定也让你恼火一样。在许多方面，我俩的共同行为就是我们所共同鄙视的生物行为。而这个事实，你我都不屑去面对。

也许这就是这个事实被小心地遮掩着的原因。人类的思考总是如此一厢情愿，即使在科学家的著作里，与"普遍的创造性冲动"不相符的事实也都被以某种方式隐藏起来。统一性的阴影笼罩着过去，也把它湿冷的双手伸向了现在。它是如此丑陋，以至于人类在它面前必定会紧闭双眼。诗人们盲目而愉快地歌颂了大自然无数的"节目和形式"，博物学家描述了它们，进化学说则讲述了无穷变异的动物和植物。人类的意识总是会放大自然现象的独特性。回首往事时，研究过去生活的学生会看到越来越高级的生物不断出现。即便他们不一定愿意说起这件事，但他们同时也看到了特定的模式：大自然不仅重复塑造它的孩子们的身体，也重复塑造孩子们的行为。

　　大自然看到漫长岁月里生命在单调地无限循环。大自然看到环境在不断自我重复，生物也重复地进行类似的调整。大自然看到这样的调整并不都是生活最好的安排，退化和进步一样普遍，动物重复通过同一条路走向死亡。标准化的真正危险在于，布谷鸟的迎春曲可能就是天鹅的绝唱。

　　人类的血脉也曾在过去的生物身上流淌，它充满了过去的糟粕。爬行动物一度占据了你能想象出来的所有栖息地，有着你能想象出来的所有生活方式。后来的哺乳动物的身体组织程度更高，却完全重复了之前爬行动物的所有行为，全无半点儿独创的适应性。我们的血管里也流淌着它们的血液。由于行为会坚持过去的传统，所以尽管脑部已经完善，一代又一代的人却依旧会多愁善感、上当受骗，会完全按照和恐龙一模一样的方式彼此杀戮。人类在4000多万年前正是通过互相残杀，把彼此送进了坟墓。

　　尽管有着铺天盖地的反面证据，"大自然从来不会自我重复"的神话却依然存在。的确，生命史上失败的生物从来不能

海洋中的鱼群。尽管生物会进化出各
种形态，但我们还能从它们身上找到
足够的相似性。从这些海洋中的鱼群
里，我们人类的眼睛几乎不能分辨出
它们兄弟姐妹的区别

⬆ 尾索动物——水鞘。水母和尾索动物尽管是两种生物，但在相似的环境中长出了相似的身体

起死回生。在世界变得充满敌意，或是当种族老化，个体生命力也随之减弱时，古生代的某只甲壳类动物就会衰败、死亡，它和它的种族也就永远消失了。同样，某种器官一旦因退化而失去，也就永远不会恢复，如绦虫的消化机制。在这些方面，说大自然从不重复是完全正确的。但是，当血缘上完全无关，身体结构也完全不同的两栖动物、蜥蜴和蛇却都挖着洞，过着相同的生活，甚至因此变得彼此外表相似时，大自然肯定是在自我重复。

海洋是生命最古老的家园，我们发现其中的动物同样是环境的奴隶，这种环境曾经束缚了它们的祖先 1 亿多年。今天，简单的生物在全世界的海岸线上顽强地生存着，就像在无数的昨天顽强地生存过一样。月亮每天把海水吸离海底，每天又都允许它回落。生活在海滨的动物每天都发现自己要么浸在水中，要么暴露在空气中。在大多数情况下，它们是大海的孩子，被大海抛弃时就会陷入生存危机。虽然这些生物种类混杂，却总是以同样的方式遇到同样的问题。那些从双重环境变化中生存下来的生物学会了在退潮时紧贴海底，关闭外壳，不让陆地的干燥气息钻进来，或是在退潮时钻进潮湿的沙子。它们每天都会有半天没有东西可吃，没有任何有效的呼吸方式，只能被动地忍耐，直到水涨回来。结果就是过去曾反复上演的一幕：完全不同的动物进化出了应对环境的相同器官。它们曾以一成不变的模式重复生长，还会继续以这样的模式生长下去，就像家猫总会不断生出家猫，永远生不出狮子。

在外海翻腾的波浪中和深海的宁静海底，有些动物已经完全被固定环境的模板所束缚。无论过去还是现在，我们时时处处都能看到一致性和标准化。生活在阳光照射的海面上的动物通常会长成放射状，它们沉浸在水中，身体是均匀、无色透明的。它们能在水里升降，但几乎都不擅长游泳。水母、软体动物和退化的脊椎动物——尾索动物之间彼此完全不同，但符合这种模式。在深海中，环境十分单调，生活在那里的动物也继承了这种单调。这个地下世界的居民骨骼结构十分糟糕。一旦摆脱栖息之所的恐怖压力，它们就会死掉。这些生物大多呈细长的鳗鱼状，颜色苍白，长着巨大的眼睛，以捕捉深海微弱的光线。它们身上还长有发光器官来增强光线。在这些怪异的深海居民身上，我们看到了全世界最为恒定不变的环境影响。它们是大自然中最接近完美标准化的例子。

　　海洋中最强大的动物总是那些能进化出适合快速运动的身体的动物。在早古生代开始时的海洋里，鱿鱼的远祖——直壳头足纲动物成了第一批竞速者。不久之后诞生了第一批脊椎动物，它们中很快便出现了擅长游泳的动物。后来的海洋爬行动

⬇ 海洋中的水母。飘逸多姿，堪称水族精灵

盲眼龙虾。一种深海动物，生活在澳大利亚海域 2000 多米之下的深海之中

物，再后来的海洋鸟类，以及最后出现的哺乳动物，如海豚，也都十分擅长游泳。它们在生理学上迥然不同。其化石在地质学上也属于完全不同的地层，彼此之间相距甚远，但它们的身体却都是按照同样的模式塑造出来的。

鱼类是适应水中生活的完美典范。它们所有的祖先都在水中诞生，在水中死去。从它们身上，我们看到这些经验积累成熟。船只要是不想失去速度和适航性，就必须按照鱼类身体的基本结构进行设计。实际上，鱼类本来就该达到完美，这一点并不是特别了不起。更值得注意的是某些海龟，它们的身体被塑造得既适合陆地生活也适合水中生活。虽然它们通过肺呼吸，但也成了好水手，尽管它们回到岸上只是为了产卵。

更了不起的还有中生代的鱼龙。它们从陆地进入海洋，结果完美地适应了水中生活，就再也没有回到岸上。它们在遥远的外海用胎生的方式产下幼体，身体形态则类似鲨鱼。而过去的其他爬行动物，以及现存的短吻鳄和鳄鱼等，造型就越来越不像鱼类了。

鸟类也是用类似的方式改造身体的，如已经灭绝的鱼鸟和现存的潜鸟、海燕、鹈鹕、野鸭、海鸥和无数的亲缘类型。许多哺乳动物也多多少少符合同样的模式，如水负鼠、某些鼩鼱、麝鼠、水獭、貂、河马，特别是海豹、鲸和鼠海豚。鼠海豚有着长长的陆栖祖先链，但它们却和同时代的鲨鱼一样完美适应了海中生活，同样完美适应的还有在哺乳动物诞生之前就已经生存过并灭绝了的鱼龙。鼠海豚、鲨鱼和鱼龙这 3 个物种就祖先而言完全不同，但外表却十分相似，一个普通的观察者甚至很难区分它们。

这些迥然不同的物种都发生了同样的变化：身体变成了纺锤状，脖子变短，尾巴变大，外耳和其他体表装饰物如甲胄、羽毛、毛发等趋于消失，四肢变成鳍状，还有许多其他器官也改变了。这正是通往海洋的道路，无论过去还是现在，这都是唯一的道路。走这条路的生物找到了相对轻松的生活。走到尽头时，陆生动物都逃离了自己的天敌。它们不再需要保持警觉，因为海中的竞争对手很容易被骗。这里食物丰富，并且由于水给予身体的浮力，使重力的作用也被削弱，能量都转化为生长的力量。结果，鲸离开陆地，进入海洋，就长成了有史以来最大的动物之一。不幸的是，笨蛋和超重者都被打上了死亡的烙印。进入海洋的陆生动物都没有孕育出更高级的动物，它们中有许多都灭绝了，还有许多正面临着无法逃避的命运。它们只不过说明了标准化是个邪恶的天才，它通过同样的轻松生活，把这么多不同的生物都诱惑进了同样轻易死亡的陷阱中。

陆地上发生的故事也大同小异。地球上反复出现沙漠气候，烤死了动物的食物，蒸发了它们的饮水。绿洲彼此相距甚远，只有跑得快的动物才能获得生活必需品。在这种情况下，许多不同时代的不同生物都长出了类似的适合快速运动的器官。许多已经灭绝的恐龙和鸟类，许多现存的蛇、蜥蜴、鸵鸟、袋鼠、兔子、狗、猫、羚羊，还有许多其他动物，最为崇拜

◐ 刚刚破壳而出的小海龟

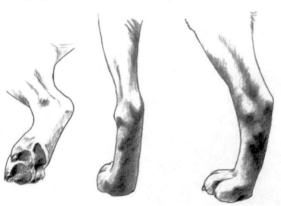

的都是速度之神。统一性的绳索把它们全都绑在了一个动物栏里。

许多动物的身体为了在空气中快速运动而改变了。因为它们跑步时靠脚趾着地，所以脚由水平状变为垂直状，还长出了肉垫以缓解地面的冲击。脚趾、手指和不必要的腿骨减少了，四肢越变越长。某些蜥蜴、恐龙、有袋动物和啮齿动物甚至能用后肢站起来。虽然这种情况至少在 8 个物种中出现过，但造成的结果几乎完全相同：它们的前肢退化，脖子变短了，尾巴越长越长，以维持身体平衡。但是，和那些告别橡胶跑道、坐进经纪人办公室的短跑运动员一样，很多动物在环境发生变化时便遭遇了死亡。

靠挖洞为生的动物也有符合它们的特有模式。鼻子、门牙、颊囊和前肢都变成了专业的挖掘工具，尾巴、眼睛和耳朵则退化了。蜥蜴、蛇、猫头鹰、燕子、

⬆ 加勒比礁鲨。无论是鲨鱼还是海豚，通常都进化出更适于水中生活的体形，以便于在海洋中快速游动。人类在设计潜艇时也充分参考了这种特性

⬇ 陆地动物后肢进化示意。崇拜速度之神的动物的脚都由水平状变为垂直状，还长出了肉垫以缓解地面的冲击

老鼠、鼹鼠、地鼠、獾和其他许多动物都曾到地下碰运气。但它们唯一的成功只是把所有的希望和自己的身体埋进了同一个洞里。穴居动物的隧道正是通向退化的单行路。

洞穴中的环境恒久不变，穴居动物因而变得彼此相似。山椒鱼、鸟类、蝙蝠和其他好几种生物以各自特有的步调走向通往地狱的道路。它们的身体没了色彩，视力也消失了。由于食物短缺，消化器官也变得纤弱娇嫩，它们尽全力躲避着不可避免的命运。它们和那些在海底退化的同伴一样，也长得纤细修长，看上去体弱多病。

在树木上，另一种模式控制着动物的生活。许多完全不同的生物沿着同样的道路发生了改变，如攀鲈、树蛙、变色龙、啄木鸟、负鼠、树懒、猴子等。它们的胸部、肋骨、肩膀和臀部变得更强壮了，手脚也变得更适合攀附和爬行。攀爬动物会被天空中更广泛的可能性诱惑，这种情况在生命史上至少出现了 30 次。它们并没有全都获得飞行能力，但都在自己的能力

➊ 星鼻鼹鼠。鼹鼠是一种最具特色的夜行穴居动物，具有不同寻常的嗅觉能力。科学家已经证实，其嗅觉具有立体空间感，也是目前人类所发现的唯一一种嗅觉具备立体空间感的动物。星鼻鼹鼠是鼹鼠种群中更有特色的一种，因其鼻尖长有 21 只触手，环绕着鼻尖，就像星星的光芒一样而得名

攀爬动物总是会被天空诱惑，这不，一只松鼠飞了起来，还高水平地搞到了一枚松果

范围内进化出了同样的身体构造：翅膀、尾羽、龙骨和中空充气的骨头。和其他环境中的生物一样，它们也沿着一条标记好的道路走向天堂。但是天堂没有实现它的承诺，就像它没有实现对中生代的飞龙的承诺一样，被欺骗的生物只能灭亡。有关生命的可悲事实之一是，习惯会固化在心中，也会固化在身体上，而身体无法像环境一样迅速变化。更令人悲哀的事实是，导致一个种族灭亡的错误永远无法帮助其他种族，因为死亡切断了血脉的纽带，这是沟通的唯一途径。大自然是所有生物的施虐狂母亲。它引诱着自己形形色色的儿女们，不断重复踏上通往同样终点的道路。

恐龙长着 20 吨的身体和近 60 克的大脑，却只知道饿了就吃，要躲避危险和繁殖后代。它们的神经组织和一个人的胃部神经系统差不多，后者只知道消化食物，对自身显然一无所知。纵观生命史，绝大部分动物的适应都主要是身体上的适应，并无意识。因为这就是大自然为那些无法反抗的儿女制订的计划。人类从树上爬下来之后，学会了使用武器、穿衣服、用火、共同生活和说话，对自己的发展方向却全无意识。直到今天，人类才开始审视自己的生活。

人类知道，在万物之中只有他们为了适应自己的需要而改变环境。人类已经打开心灵，勇于面对新的天地万物。他们已经把煤、石油、水、电的能量为自己所用。他们已经抑制了疾病，延长了个体的寿命。很自然地，他们开始相信自己无限完美。但在身体方面，他们并没有超过 2 万年前新石器时代的克鲁马努人，甚至不能肯定自己是不是达到了他们的标准。在智力方面，现代人比古人知道的多得多，脑容量却并不见得比古人更大。在社交方面，现代人一直以进步的名义重复着古人的各种错误。

进步一直是这样一种组合：既要获得复杂性，也要获得重复性。某种鱼类不断适应，渐渐达到了某种特殊环境的要求，后来的某种远洋爬行动物一步一步重复了这样的适应过程。这种现象与人类进步的步伐十分相似，这么说并不仅仅是类比。虽然人类的适应主要是精神上的，而低等动物的适应主要是身体上的，但一致性这个模式同样在两者头上盘旋。人类以同样古老的标准方式，在旧瓶子里倒入了新酒。如果他们无法获得回报，也将为自己的错误付出同样的死亡代价。

显然，唯一的解脱方式就是人为增强我们的社会道德。或许有朝一日我们能掌握足够多的生物知识，从源头增强道德意识。但是目前我们只能依赖教育，来增强自己所拥有的微不足道的创造性和正直感。新的变化孕育着希望，既包括我们自身的变化，也包括环境的变化。大自然是反对创新的，它十分强大。但是，如果有足够多的人爬到社会进化的顶峰，具备了社会意识，谁又能预见在未来的地平线上会出现怎样的美景呢？

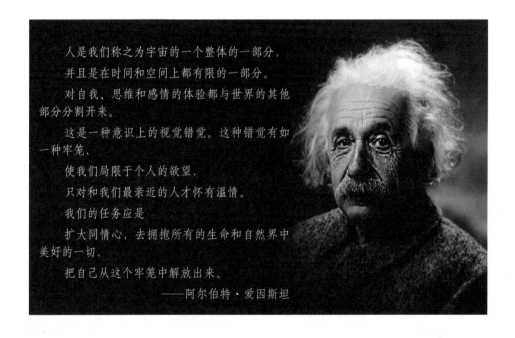

人是我们称之为宇宙的一个整体的一部分，
并且是在时间和空间上都有限的一部分。
对自我、思维和感情的体验都与世界的其他部分分割开来。
这是一种意识上的视觉错觉。这种错觉有如一种牢笼，
使我们局限于个人的欲望，
只对和我们最亲近的人才怀有温情。
我们的任务应是
扩大同情心，去拥抱所有的生命和自然界中美好的一切，
把自己从这个牢笼中解放出来。

——阿尔伯特·爱因斯坦

第二十章
进化的反面

很明显，为了人类自身的福祉，我们必须先改变对大自然和人类自身的观念。我们必须认识到，并不是所有的神都想让众生飞升到奥林匹斯山上。现在，许多人对进化论产生了一种感情上的兴趣。因此，在讨论中诡辩往往占主角，也就不足为奇了。诡辩通过回避问题，减轻了进化论带给善良群众的痛苦，值得尊敬，但并不合适。他们说，人不是从猿进化来的，只不过两者源自一个共同的祖先罢了。人类更遥远的祖先还可以回溯到食虫动物，这可能会让那些比起猿更喜欢刺猬的人得到安慰。在食虫动物之外，人类还有其他许多祖先，但它们不会给任何人带来安慰。就算能带来安慰，也不过是把头埋在沙子里

⬇ 进化趣图。生命从海洋走向陆地，终于演变成为人类，如今的人类却在向他们的祖地倾倒垃圾

皮肤上的细菌部落示意图。如果放大到足够的倍数，我们很容易就能发现，原来自己的皮肤竟然是细菌的家园：在任何时候，皮肤上都寄居着超过1000种细菌

的人想要的虚假慰藉罢了。要是我们尊重自己的智力，就必须接受我们身体的真相。

智慧从过去的泥沼中进入人类大脑，中间经历了重重困难。我们想从智慧中获益，就不能对过去视而不见。生物的历史不断重复着过去的错误，想坠入地狱极其容易，因为这条路早就开辟好了。人类是唯一一种有能力对自己的进化进行指导的动物。而在他们能够使用这种能力之前，必须从过去的历史中学会如何对未来做出理性的期望。

很多人喜欢讨论进化论的道德意味，他们都有这样一个虔诚的幻想：所有的生物都倾向于完善自己。这是个令人愉快的谎言，专业的进化论者无疑对此要负一部分责任。它只是人类在注定会让很多生物痛苦的药丸上裹的一层糖衣罢了。认为大自然的所有生物都会努力向上的想法是高尚的，但是，大部分的生物都生活在寄生和退化之中。这种情况从很早就开始了，一直延续到现在。如果到现在人类还认为进化是物质上——不是精神上——对完美的追求，显然就违背了真相。不，比违背真相更过分、更糟糕。这等于不明真相的人类在陷入深渊时还在唱着："上帝在他的天堂里，整个世界都是那么美好！"❶

就算是大自然最漫不经心的观察者，只要在观察之前心中并无成见，

❶ 出自英国诗人罗伯特·布朗宁的诗歌《比芭之歌》。

就能发现无论过去还是现在，所有生物追求的目标一直是舒适，而不是完美。生物只有在为了变得更舒适而不得不与强敌斗争时，才会成功地把自己变得更好。

虽然"过去的好时光"事实上并不那么美好，而且大多数生物与自然力量斗争时都显得很微弱，但还是有少数几种动物可以坐下来、放轻松。千万年过去了，细菌的亲戚都取得了相当高的成就，而细菌依旧保持原始状态。微小而简单的细菌能够进行自我调整，以适应各种条件。调整之后，它们依旧微小而简单。它们生活在今天的世界里，几乎没有变化，甚至有许多细菌并不满足于仅仅保持原始状态。它们直接寄生在邻居身上，这明显是退化了。

细菌作为一种成功方式的代表必须受到称赞。它们通过减少欲望实现了自己的生理需求。当动物和植物在食谱上分道扬镳的时候，细菌学会了什么都吃。今天，我们发现它们可以靠许多物质为生，包括铁、硫、石油。它们的其他改变也同样简单而不正常。通过保持原始和退化，细菌获得了强大的生存能力，尽管它们的一生可能并不高尚，也不刺激。但它们不过是做了所有生物能做时都会做的事。大自然喜欢把死刑强加在弱者身上，而细菌是个例外，这一点在生物学上值得称赞。

⬇ 鸵鸟。鸵鸟的翅膀退化了，再也不能把庞大的身体带上天空。不过，这也并非坏事。如今，鸵鸟绝对是鸟类中的速跑冠军——时速高达70千米，即便某些擅长速跑的陆地动物也望尘莫及

在我们给某种生物贴上退化的标签之前，必须先明白什么是退化。所有生物都有一定的局限性，比如，需要水和温度，需要满足食欲和性欲这些基本欲望，这都是原生质的正常特征。同样，每种具体的生物都有自己完全正常的特定局限性。比如，人类不能像鸟儿一样飞翔，这并不是人类的耻辱（要是人类去试着飞恐怕才是耻辱）。鸟类不能像人类一样思考，这也不是它们的失败。但是，要是一只鸟失去了飞行的能力，如鸵鸟，它们就是退化了，就像失去思考能力的人类一样。

从现有的少量证据来看，最初几乎所有的生物都能在身体的正常限制范围内尽可能地自由和独立生活。它们能够自由运动，并不从邻居那里偷窃，而是从无机世界获取食物维生。从生物在时光中的大游行里游走的状态，研究化石的学生看到有些动物保持了它们原始的独立性，而其他许多动物则失去了这

❶ 植物放弃了与生俱来的自由运动权，也失去了向高等生物进化的权利

一点，都以这样或那样的方式退化了。

　　大部分植物差不多从一开始就出卖了它们与生俱来的自由运动权。它们抛锚静候食物的主动到来，或是满足于附近有什么就吃什么，而不是向远方起航，积极搜索食物。这有可能遇到危险，显然前者比较容易。植物王国至今还抛锚停泊着，随着时间的推移，有些植物已经进化得极其出色了，但即便是最好的树也无法和最幼稚的人类相提并论。最初，动物和植物之间无疑难以区分。它们在组成、生长方式和对刺激的反应上的显著差异当时还不存在。这些差异只有在植物放弃运动之后才可能出现，只有在植物退化之后才可能出现，这正是"退化"一词的真正含义。

　　有些动物选择了固定不动的轻松生活，它们的遭遇也并不比植物好到哪儿去。所有的珊瑚、苔藓虫、海林檎、海蕾、海百合，以及某些海绵、笔石、腕足类动物、软体动物和甲壳动物在扎根海底的同时，就彻底断绝了高度进化的希望。当牡蛎在石炭纪出现时，它们还在无脊椎动物社会的优秀中产阶级里占据着一个受尊崇的位置。它们一直与种群里最好的生物保持同步，但最终它们变懒了，固定一处待了下来。它们已经固定在海底千百万年，现在除了在炖汤时可能还有点儿重要性，已经全无任何社会价值。非常年轻的牡蛎还会效仿它们的祖先，活跃地游上一段很短的时间，但它们也很快就感染了让整个种族堕落的倦怠感。

　　当海生动物第一次用石灰岩包裹身体时，它们获得了超越环境作用力的巨大优势。此前在生物进化的过程中还没有取得过比这更重要的进展。但一次成功并不意味着总会成功。许多无脊椎动物的外壳变得十分沉重，壳里的动物都变迟钝了。在古生物学家眼里，牡蛎不是唯一——道令人伤心的风景。事实上，绝大多数无脊椎动物的历史就是在外壳里不断堕落的故事。龙虾、螃蟹、虾、昆虫的外壳要么一直很薄，要么已经趋于消失。

它们的躯体一直十分活跃，这些绝对是无脊椎动物进化史上的异类。

　　蛤蜊把自己埋进了人迹罕至的地方，平静而冷漠地过着日子。这也是一种退化，但这并不可耻。它们待在世界中属于自己的角落，沿着徒劳无益的道路前进，并没有把自己的生活习惯或生活哲学强加到邻居身上。但是，从轻松的诚实生活到轻松的欺诈生活只有一步之遥。虽然记录寥寥，却能说明，生物

⬆ 悉尼海边岩石上的牡蛎。牡蛎在石炭纪出现时是无脊椎动物家族的佼佼者，后来选择依附岩石生活，整个种族便没落了

一旦失去运动能力，寄生式退化就开始了。生物之间为了共同利益而形成了伙伴关系，这种关系有些对各方利益都有好处，但大部分好处都被寄生生物攫取了。随着时间的推移，生命逐渐发展，而寄生现象也随之发展，到今天已经变成了一种不光彩的情况：一种生物以损害其他生物为代价生活。我们到处都能看到这种现象。

虽然寄生的本质伤害了我们的情感，但毫无疑问，它对抑制多产生物的繁殖起到了有效的作用。根据达尔文的计算，一对大象有能力在 750 年间繁殖出 1900 万头后代，而大象是地球上繁殖速度最慢的哺乳动物。要是换成一对兔子，它们的繁殖能力让人根本就不敢想象。由此可以看出，如果自然界的动物的繁殖能力没有被抑制的话，地表的空间和食物很快就会被耗尽。我们必须感谢某些寄生动物，它们是一种拯救地球的工具，让生物不至于因子孙后代太多而被憋死。

尽管有些寄生生物在自然经济方面具有极高的价值，有些寄生生物对宿主可能毫无伤害，但它们始终是自身的敌人。除了单细胞细菌，其他所有的寄生生物都堕落了，再也无法与它们自由生活的祖先和亲缘动物比肩。有些寄生生物出身高贵，它们让我们看到了反方向进化最好的例子。不可否认的是，从寄生生物的角度来看，寄生往往是一种成功的适应方式。但是这个角度并无创见。绦虫是最成功的寄生虫，它们失去了运动能力和感觉器官，靠吸收宿主消化道里已经被消化的食物过活，同时也失去了自身的消化器官。它们在性生活上同样已经退化，堪称蠕虫中的蠕虫。它们不仅失去了曾经拥有的身体优势，也失去了重获这些优势的希望——生物一旦失去荣誉，就永远无法再获得。但它们获得了自己想要的舒适和安全，它们不过是把所有生物都想要的东西推到了极致而已。

说到底，进化最终解释的还是动植物变化的原因。生物学家都忙着从他们的"干草堆"里发掘这根难以找到的"针"，以至于很少有精力去关注另一个惊人的事实：很多生物都没有发生变化，无论在进步意义上还是退步意义上都没有进化。很多动物坐在生物学的阶梯上，因为太懒惰既没法爬上去，又因为太积极没法掉下来。这样的停滞类型动物是如此丰富，已经不能认为它们是大自然计划的例外现象了。在无脊椎动物里，所有大的亚种里都有这种懒汉类型动物。实际上，有几个亚种里甚至有超过15%的属都经历过两个或两个以上的地质时期却完全没有变化。无论这种持久不变的原因是什么，它的发生都足

⊙ 发现于澳大利亚大堡礁区域的星形单细胞有孔虫。它们像极了儿童喜欢的膨化食品。单细胞有孔虫是一种古老的原生生物，几亿年来都没有大的变化

以证明"所有生物都倾向于完善自己"这种论断是个神话。

虽然有许多物种出现了停滞甚至退化现象，其中也包括高度进化的两栖动物和爬行动物，但物种僵化最为明显、为数最多的例子依旧是在低等无脊椎动物中发现的。单细胞有孔虫构成了我们的白垩沉积，它们和珊瑚、腕足类动物及软体动物一样，有些成员已经生存了亿万年。它们可能曾发展出许多短命的种族，也可能只是过了巅峰期的物种的幸存后裔。无论哪种情况，它们都被进化得更快的后代或亲戚甩在了身后。

不管导致进化的内部生物因素有多么不明确，其外部环境因素都是清楚的。除非被不友好的外部环境逼迫活动，否则生物将一事无成。没有任何生物喜欢被逼迫行动，因此它们从古至今都企图避免这一点，这就是为什么有些动物生活在地表水里，有些生活在深海中的原因。这儿的气候条件和地质条件最为恒定，许多生物在这些地方发现了一个避风港，它们可以继续过着无聊而漫长的日子。环境中没有任何东西能刺激它们进步，因此就没有进步。与此同时，它们那些更有活力的亲戚却

⬇ 撒哈拉沙漠一隅，黄沙如浪如山。沙漠成为绝大多数生命的禁地，只有极少数能够快速适应环境变化的生物，才能在这样的环境中存活下来

面临着更艰难的生活。它们生活在海洋沿岸、湖泊中、河流中和陆地上，总是被逼迫着改变，否则就要绝种，因此它们很少进入停滞状态。

物种的进化与地球的自然历史之间的关系是如此密切，因此，古生物学家从地质变化中看到了在幕后操纵的神祇。时间之岸聚集着一拨又一拨的生物，每一拨都比前一拨稍大一点儿，直到最后人类出现。但若地质变化的风停止一段时间，无机世界变得比较安静时，生命世界也就变得安静平稳了。

没有任何一次大的进化是在轻松的环境下出现的。当大陆上升或下降，海洋远离或淹没陆地；当河流和湖泊干涸；当山脉隆起，气候改变；当花园变成沙漠，冰川让热带荒芜——这些都是生物完善自我的机会。只有大陆隆起、河流加速时，活跃的脊椎动物才从无脊椎动物中崛起。只有池塘因旱灾而干涸时，鱼类才长出了适合陆地生活的肺和腿。只有我们的树栖祖先的森林家园因寒冷而大幅度萎缩时，人类才能诞生。如果没有这样从无到有的周期性变动，所有的动物和植物都将平静地安于停滞和退化的生活。

有些物种经历了气候和地貌的极端变化，却依旧没能进步，停滞和退化的倾向在它们身上体现得最为明显。有些生物在战斗最激烈的时候选择了离群索居。那些在地下打洞的生物逃离了严酷的环境和殊死的斗争中的许多沧桑变化，过着长寿而平淡无奇的生活。有些穴居的腕足类动物来自遥远的奥陶纪时期的海滩，活到今天也几乎没有变化。它们的生命力似乎和过去一样强大，而且很可能还会穿越未来的地平线，就像它们从过去的地平线上冉冉升起一样，永恒不朽却毫无意义。

⬇ 新西兰国鸟——几维鸟。几维鸟翅膀退化、体形娇小，却成了巨型恐鸟家族唯一的幸存者

物种的某些特点对某些停滞不前的生物也有好处。比如，珊瑚这样的退化生物，它们比许多更值得钦佩的邻居活得更长久。个头小而不起眼的动物往往比个头大而引人注目的动物活得更长久、进化得更慢。爬行动物有过自己的黄金时代，那时它们长成了有史以来最大的陆地动物。但随着太阳的升起和降落，恐龙消失了，只有无关紧要的蛇、乌龟和蜥蜴活了下来，继续扛起爬行动物的大旗。现存的很多鸟类和哺乳动物都是因为个头小才从时间的空隙里生存下来。新西兰有一种不会飞的鸟，叫作几维鸟，是巨型恐鸟中最小的一种，也是唯一存活到今天的一种。地鼠毫不起眼，却比很多高傲的亲戚活得更长久。鲟鱼是最多产的鱼类之一，这可能是它们在所有的近亲都已灭绝多年后依旧活在地球上的主要原因。鹦鹉螺更是一个大种的唯一幸存者，它们经历过好几个地质时期，几乎没有变化，依旧可以撕破渔网，在各方面都展示着骄人的生命力，没人会怀疑它们长寿的事实。

大自然是残酷的。它怀着莫大的讽刺让许多退化而懒惰的生物无限期地活下去，却把早亡赐给那些更有雄心壮志的儿女。生物肉体的一个普遍特点是，它们只是为现在而设计的。如果未来有了新环境，那么在现在的条件下最为成功的生物可能死得最惨。过去的岁月里大自然铺满动物的骨殖，这些动物太过适应一种环境，以至于不可能再通过改变来适应新情况的要求。大自然掷了枚硬币，"正面我赢，反面你输"。一方面，它给孩子们提供了停滞和退化；另一方面，则是过度分化和灭绝。

进步的物种总是越来越适应某种特定的环境和生活方式，直到变得十分顽固、无法变化，这条规律很少有例外。早新生代是食枝芽性哺乳动物的全盛时期，它们完美地达到了环境的要求。但是，当森林萎缩后，它们要么被迫吃草，要么灭亡，而它们最终还是灭亡了。它们的牙齿已经变得只适合吃枝芽，不会吃草了。森林中的马儿——次马比它们的同辈生物草原古马更加先进，但次马是食枝芽动物，因此灭绝了，而更加原始的草原古马孕育了食草的马儿，它们的血液今天还在现代马匹的血管里流动。生物总会固化在自己的生存方式当中，不管这些方式是什么，这几乎成了大自然的普遍规律。无论懒惰还是积极的物种都追求舒适，这条规律不过是

生活在美国科伯克峡谷的野马群

纽约市中心一景。现代文明让人类最大程度地规避了自然界的危险，但也让人类离自然越来越远。生活在钢筋混凝土中的人类，是否还记得大自然的一切

对这种追求的反应而已。

　　生物已经走过了许多进化之路，但并没有有意识地去控制进化方向。就算是人类，也是在无意识指导的情况下达到了目前的状况。由于我们大多数人都愿意全盘接受人类社会的道德标准，所以我们看起来是完全正常的动物，被赶到哪里就心甘情愿地奔向哪里。但是，尽管我们充满一致性（或是充满标准化的不一致性，如果这样做更流行），却依旧有着天生的信心：我们是自己命运的主人。

　　我们已经进化得很完美了，这句话至少部分是正确的，我们不必盲目地做大自然的奴隶。尽管体育运动无限火爆，但我们的身体在变弱；不过我们还是躲过了种族灭绝的命运，换成身体同样羸弱但智力更低的动物，这样的命运必定会降临的。我们的许多器官都是无用的"古董"。比如，阑尾威胁到我们的生命时，外科医生会割掉它。一口完好无损的牙齿和皮草大衣

一样稀少，但牙医会加固我们的牙齿，服装会帮我们保暖。我们的双手已经失去了过去的荣光，但它们还能按按钮。我们正在失去敏锐的视觉和听觉，但只要眼科医生和耳科专家能帮助我们大多数人区分红绿灯，听清汽车的喇叭声，人类这个种族就不会因这些缺陷而灭亡。我们几乎已经完全失去了嗅觉，但并非没有办法来弥补它。我们的直立姿态使分娩日益困难，但是在生命之水从源头上断流之前，我们很可能会发现一些将妊娠实验室化的办法。

尽管我们已经不是过去的人类，但我们的身体缺陷应该还不会在不久的将来就让我们灭绝。我们的身体只需要一点儿帮助，就能继续维系很长一段时间。人类已经靠大脑从大自然一些最严厉的法规中得到了豁免。大自然的法令规定不适者必死。而人类的规则是：当不适者是人类时，就会被安置在精神病院。大自然需要全面控制它的孩子，而人类挑衅地发明了学校、医院、教堂，并有意识地不断自我提高。

人类能用智慧塑造自己的生活，没有人知道人类在这件事上能做到怎样的程度。人类所追求的目标也并不比达到目标的途径更加清楚。遗憾的是，人类会被兽性所左右，如对金钱的痴迷，对生殖冲动的病态偏好等。人类偏离了自己的智慧所指的方向，这种偏离可能只是大自然的小胜。但它说明了人类的智慧和精神很容易反向运作。如果人类想要摆脱反向进化的控制，就必须先了解大自然的本质是什么。这可能意味着人类的某些最宝贵的幻想将要破灭，对这些幻想的创造者也不再那么虔诚崇拜。

第二十一章
通往宇宙的高速发展的智慧

人类面对广阔而未知的未来时，总是转向过去寻求帮助，回顾历史应该能让人从中看到某种模式，得到某种预言。人类是一群沿着时光高速公路漂流的流浪者。如果他们真有希望，在视野中的某处应该看得到。但过去是一片荒芜的墓地，人类没有从中看到任何他们追求的希望。无数死者的骨殖和逝去的雄心壮志铺满冰冷的墓场，空气中弥漫着徒劳无益的气氛，像一只邪恶的鸟儿在盘旋。

未来永远是过去的乳儿，生物都从父母那里继承了命运的大体格局。拥有自我意识的人类将惨淡的景象尽收眼底，他们在自己身上看到了和那些灭绝的生物同样的缺陷——对抗严酷

⬇ 生命时速，惊心动魄，亿万年如白驹过隙，但希望一定在前方吗？它又是什么

的大衰退时整个种族和个体的缺陷。生命力生长和消耗的不断循环，繁殖中的无情挥霍，习惯的顽固束缚，倒退势力的阻力……这些都是过去留给现在的毒药，也是大自然留给人类的顽疾。

大自然喜欢自相矛盾，它让理想开出娇美的花朵。花儿并非开在气候温暖、生命的脉搏激情跳动之处，而是开在被失败和死亡击溃的土地上。但是从过去的挫折中，却莫名地出现了智慧之光。它从遥远到看不清的岁月中升起，开出了一条通向现在的小径。这条小径不仅越来越长，而且越来越笔直宽阔。今天，它已经是一条标记清晰的道路，还从未把行人引向灾难。没人能说清它最终会通向何处，但人类是充满希望的动物。他们相信在路的终点，一切都会成为他们应该成为的样子。对人类而言，智慧的高速公路通往未知的宇宙。

虽然我们还会在情人节礼物上印上心形图案，但已经不再相信心脏这个可敬的器官是感情的来源了。肝和脾也只在俗语中还继续负责酝酿感情。从维萨里❶的时代开始，我们就知道，维持人类本性完整的品质，如推理、记忆、想象、情感等，都是神经系统作用的结果。从那时到现在已经过去了几百年，证据已经堆积如山，足以证明我们推崇的一切人类素质，一切让生活变得可以忍受的品质，都是神经系统的作用。在诗歌里，上帝把灵魂吹进人类的身体。如今，灵魂已经变成研究进化中的大脑皮层的科学。幸运的是，在这个问题上，事实真相并没有被诗歌摧毁。科学不但没有改变人类灵魂的质量，而是为灵魂赋予了物质基础和历史，为它添加了过去不断取得胜利的荣誉，也添加了未来继续进步的希望。

在大脑寄宿到动物脑袋里的许多年以前，是神经在操纵着简单生物的身体，指导着它们的行动。在真正的神经组织成为动物与世界之间的联系线索的多年以前，肌肉都是直接从环境接受刺激。而在发生这一切的多年以前，在动物身体细胞成倍增长之前，简单的原生动物的微小身体里必定也有着神经活动的精髓。

❶ 维萨里指安德烈·维萨里（Andreas Vesalius，1514—1564），比利时著名解剖学家、医生，近代人体解剖学的创始人。

火星车"好奇"号。如今，人类的脚步已经走出地球，跨入宇宙，去探索生命的终极来源，同时开启了生命的新篇章。

动物要生存，就必须具备某些分辨外部世界好坏的方法及相应的调整自己运动的能力。或许在最初，所有的生物都很像现在的单细胞草履虫——它们微小的原生质液滴可以趋向食物，远离危险。这种生物没有任何可见的神经组织痕迹，但它们面对多变的环境中的紧急状况可以改变自己的反应。在草履虫生命中的每一天，它们都进行着某种简单的选择。这种做法说明，更高等的生物有可能在此基础上建立感知。

　　海绵是现存的最低等的多细胞动物，集中体现了神经系统进化的下一阶段。有些海绵死后献身给了人类的毛孔，但活着的时候，它们只关心自己的毛孔。这些毛孔的开合能控制带着食物的水流的进出，这一点从元古宙以来就占据了所有海绵的生活。对每个孔的控制由简单的肌细胞完成，它们直接从外界接受刺激，轻松地与控制相邻毛孔的肌肉连接起来。由于海绵从未改变这种对环境的原始调整能力，它们一直都是最懒惰的多细胞动物，是大自然中停滞不前的最好范例之一，但一切都会得到补偿。如果一条鱼蠢到要去咬掉海绵的头的话，它肯定会消化不良。尽管时代在变迁，但海绵却和之前一样平静地前进，对侮辱和伤害都毫无感觉。

　　大自然总是厌倦简单，它早早就在珊瑚和它们的亲缘动物体内建立了

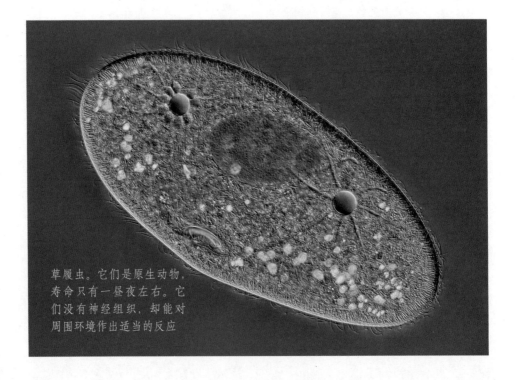

草履虫。它们是原生动物，寿命只有一昼夜左右。它们没有神经组织，却能对周围环境作出适当的反应

真正的神经系统雏形。碰一下珊瑚虫囊状身体的任何部分，它们都会迅速收缩。在它们的身体里，简单的神经纤维网络均匀地分布在表皮之下，将外界刺激传递给体内的肌肉。珊瑚和海绵一样，可以失去身体相当大的一部分却依旧泰然处之。它们身体的每个部分都独立于其他部分，因为每部分都拥有能够满足身体需要的神经肌肉机制。

在生命史的最初阶段，许多动物都厌倦了保持警惕的等待，开始不耐烦地摸索食物。它们把无脑的头戳进了充满碰撞的世界。它们的身体里均匀分布着简单的神经系统，但这是不够的。率先进入未知世界的那一部分需要更多的东西，或许正是由于这个需求，第一个类似脑的器官诞生了。

软体动物、蠕虫和节肢动物的身体前部长出了神经细胞的小束，从这些小束中牵出了简单的神经组织链。通过这种方法，皮肤接受到的刺激能传到身体的各块肌肉上。因为头和口是和世界接触最频繁的器官，所以它们变得比身体的其他部分更加敏感。在这些动物和人类之间存在着永恒的时间和无尽的变迁，但在寒武纪之前的海岸上，第一只爬出泥土的蠕虫身上已经带有人性的预言。

人类总是欣赏自身的优秀品质，乐于认定自己的脑是上帝独一无二的馈赠。诚然，脑是人体中唯一不会被其他哺乳动物的类似器官轻易超越的器官。虽然它们有着整个动物王国里最为复杂、精细的结构，但依旧是在低等动物的头颅里服役数百万年的脑的后代。人类的脑并不比它们产生出来的绝大多数想法更具有原创性。

最早的一些无脊椎动物化石中保存了中枢神经系统的简单模型，大自然此后从未抛弃过这些模型所建立的模式。就像第一辆汽车里含有现代轿车的雏形一样，最初的神经系统也暗示了最终的神经系统。早期的鱼类清楚地预示了人类的脑和脊髓的存在，现在发现的真正的大脑最古老的记录保存在从德国的志留纪岩石中发现的一块甲胄鱼化石里。和人类一样，这种原始鱼类的脑有巨大的脊髓前端。它终止于一条记录嗅觉的管道。管道之后是巨大的甲胄鱼大脑，位置与人类的大脑相对应。在它后边是更大的心形中脑，也和人脑中的类似结构一样连接着视觉器官，很可能也连接着听觉器官。后脑呈棒状，前部扩大，但并不像人类小脑那样高度分化。

海洋中的珊瑚丛林

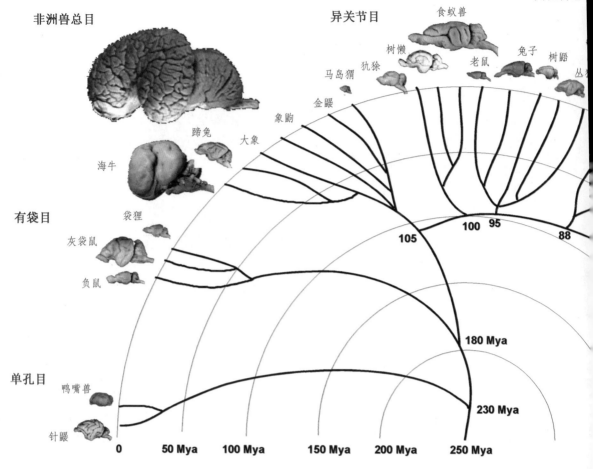

非洲兽总目　　　　　　　　　　异关节目

① 不同动物的大脑形态　　Mya：百万年前（million years ago）

　　从那时到现在，大脑的结构细节不断复杂化，但整体构造始终保持不变。从肯塔基州中部石炭纪的岩石里发现了鲟鱼的某种祖先的大脑化石，它们证明，自甲胄鱼的时代以来，鱼类已经获得了敏锐的视觉和听觉。这些能力对它们来说，无疑至关重要。因为缺乏这些能力的甲胄鱼已经灭绝了。它们显然还没有获得思考能力，不过对长着鱼鳍和鱼鳞的生物来说，这种能力确实从来没有成为一种突出的魅力。

　　低等四足陆生动物的化石记录并不令人满意。因为这些动物的脑都埋在脂肪当中，几乎全被死亡破坏了。幸而，有足够多的爬行动物的脑被保存下来，证明这一器官在逐步完善。在陆地上，嗅觉是必不可少的。最古老的爬行动物大脑标本是在二叠纪的岩石里发现的，它表明，比起鱼类的

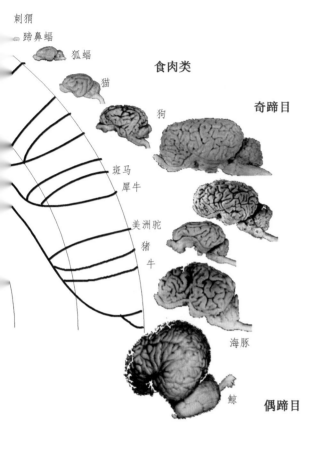

食虫目

刺猬

蹄鼻蝠

狐蝠

猫

食肉类

狗

奇蹄目

斑马
犀牛

美洲驼
猪
牛

海豚

鲸

偶蹄目

嗅叶，爬行动物嗅叶的大小和复杂程度都明显增加了。在陆地上运动比在水中更困难，所以早中生代的爬行动物的小脑表现出显著增长的特征，而小脑正是脑中用于协调身体运动的部分。

早期哺乳动物的脑类似爬行动物的脑。它们很小，而且小脑比大脑还要大。不过生存竞争很快就让智慧变得既受推崇又十分宝贵，大脑（思维器官）变得和小脑同样出色。始新世之后，哺乳动物脑的大小和复杂程度都增加了。大脑的脑回增加，从而胜过了小脑。存活至今的哺乳动物的脑都比过去同种动物要大，也更加复杂；而未能存活下来的动物的脑都更小，也更简单。因此，智商最终决定了命运。

此后，岁月飞逝，地球上不太可能出现更完美的脑了。如果人类有幸还能继续进步，人脑的大小和复杂程度也不会再继续增加，只是它的应用范畴会继续扩大。

人脑已经趋于完善，而智慧是其中最罕见的精华，它难以捉摸，也无法定义。直到今天，都没有科学家能解释智慧是如何产生的，也无法确定它最早是什么时候出现的。但是，从鱼类到人类，在现存的动物脑袋里凝结着脑进化的各个阶段。我们必须从它们身上得到一些有关大脑功能史的线索。

可以明确的是，绝大部分脑的工作都不是制造智慧。人类智慧的特征之一是能够迅速自我调整以适应新环境，这一点在其他动物身上很少表现出来。但是，因为我们倾向于从自己的角度考虑问题，因为我们天生多愁善感，所以我们总能在各种无辜的生物身上看到人类的智慧。

想象这样一个漆黑的房间：房间里只有一扇半开的窗户，只能透进一道狭窄的光。有人在这个房间里抓住了一只苍蝇，这只苍蝇嗡嗡地撞着它的狱墙。人一松开手，它就从敞开的窗口逃走了。书本上刊登过大量对类似情况的解释，我们从中得知，一般人会说苍蝇意识到了危险，机会到来时，就有意识地迅速选择了唯一正确的逃生途径。

遗憾的是，要是在房间里点上一团火作为唯一的光源。这个所谓苍蝇有智慧的证据就站不住脚了。因为可怜的苍蝇天生如此，它们必须趋光运动，不管结果是会获得自由还是会被烧焦。几乎所有其他动物的行为都和苍蝇类似，就算不是完全一样，也基本上是无法自主控制，只不过许多动物的反应确实是有利的。

⬇ 趋光性在动物和植物中普遍存在。在植物中，向日葵可能是我们最为熟知的一种。而"飞蛾扑火"的成语则昭示了动物对光的渴望

我们多愁善感，不仅总能在动物身上看到人类的智慧，还能看到人类的感受。书报摊上每年都会摆出一大堆讲述鸟、兽，甚至花朵人性化一面的文学作品，有关猎人的书特别值得关注。我们把人类的选择和感情赋予动物，但其实它们在大多数情况下，仅仅是盲目地沿着原始本能的固定道路前行。大野兽的勇敢神话有着双重根源：一方面是人类拥有用自己的形象去看待万事万物的习惯；另一方面是人类拥有通过公平战斗征服对手的欲望。杀死一头牧场上的牛并不光明正大，所以在森林里杀死了一头鹿角牛的猎人就编造了一个神话。这个神话不仅能让他扣下扳机，之后还能夸耀这一行为。受伤的动物会向前冲，可能不过是因为视力不好，在逃跑时做了错误的本能尝试。猎人却不可避免地总是要用形容人类美德或卑劣的名词来修饰这种行为。

几乎所有实验室的受控实验都会得出同样的结论：动物的行为有3种主要反应类型——趋性运动、反射和本能。即便在面对必定的死亡时，这些反应也会不断发生，无法由个体加以改变。蚯蚓会在雨后爬到地面上呼吸空气，这让它们能继续沿着黑暗的命运之路挖掘下去。千百万年来，蚯蚓都会在雨后爬到地面。这种行为很可能只是一种偶然变化，由于对种族有益而被保留了下来。

⬇ 雨后的蜗牛。在城市中，可能更为常见的是雨后路边草丛及路面上满地爬的蜗牛。这也是动物对自然环境变化的本能反应

但是，一旦学会了这种行为，它们就像钢筋一样绝不会走样。相当长一段时间，鸟儿都是利用蚯蚓这种习惯来解决早餐。蚯蚓坚持自己的习惯，并不是虚张声势、故作勇敢，只是因为它们无力改变这种习惯。大自然也不会改变这一点，除非这些习惯造成了大规模的危害，到那时，它也只会靠灭绝蚯蚓

来改变这种习惯。

在神经天赋远胜蚯蚓的动物当中也很少见到真正的思维能力。要是鱼类有智慧，那么它们的智慧程度肯定相当高，竟然能躲过研究者的窥探，隐藏了智慧的所有痕迹。两栖动物也并不更令人满意，虽然要是有超人的耐心，可以证明青蛙具有从经验中学习的能力。爬行动物和鸟类虽然活动领域更广，但也从未以智慧和道德力量著称于世。只有哺乳动物确有实据地具备记忆能力、推理能力和智力的其他特征。豚鼠是实验者的宠物，但它们蠢得像鱼。另外，黑猩猩又聪明得让人不舒服。

尽管大多数动物极少展示出智慧，但它们脑的卓越程度与其行为的多样性和复杂性之间显然存在关联。乌龟的生活比鲱鱼丰富，鲱鱼则显然比蠕虫更自由。虽然真正的智慧只在少数高等哺乳动物和人类的脑中开花结果，但它显然类似某种更复杂的本能，两者都随着脑的成长而成长。人类智慧之树的枝条伸向天空，根却深深扎在过去岁月的泥土当中。

我们不必更深入探究自我，就能找到人类古老的特点。我们的野蛮天性在脚下刚刚洒过鲜血的祭奠，它在欧洲战场上还未干涸。即使在相对和平的时代，人们的行为也总被无知、偏见、恐惧、习俗、异想天开和多愁善感所左右。

我们认识到人类行为中多少有些是出自本能，这一点让人十分不安。尽管人类的行为产生自神经系统，通常都很复杂，却像所有动物一样对咳嗽、呼吸、消化食物全无意识。和动物一样，人类对自我保护和生殖的冲

⬇ 人生于自然，并最终归于自然，是自然的一部分

动都有反应。在无数方面，人类都被自己的"牧群"控制着。一只羊离开羊群就会饿死，同样，有人要是在北方寒冷的一月份戴草帽就会被嘲笑。

但大脑还是慢慢变大起皱。比起过去只是盲目地依赖本能，今天，人类的大脑无疑做得更多。它滋养了更丰硕的未来的种子。孕育智慧的土壤里也生长着杂草，但了解它们的园丁就算不能消灭它们，至少也能加以控制。人类的希望在于这样一个事实：他们是自己命运的园丁，智慧的铁锹和泥铲已经在他们手里握了2万多年。虽然他们在使用这些工具时，对自己想要成就些什么还一无所知，但无论如何，语言已经在他们的花园里生长，更结出了艺术和科学之果。到了现在，人类才知道怎样自觉地使用自己的工具。他们已经学会如何控制环境中的某些力量，期待他们能学会更有效地控制自身本能的情感力量，恐怕也并非痴人说梦。

即使人类可能永远不会得到比现在更好的工具，但是他们还是希望了解更多关于如何运用工具的知识。可能永远不会出现更好的米开朗琪罗、但丁、达尔文了，但我们有足够的空间更广泛地传播他们的力量，让每个人的精神和情感生活都变得更加丰富。

人类已经走过了漫长的道路，其间，并无意识指挥他们的脚步，大自然和他们相处得相当不错。它为人类设置了很多障碍，但在众多子孙里也只给了人类与这些障碍抗衡的智慧。人类还没有攀上智慧和精神发展的高峰。

如果人类没能到达宇宙深处，那只是他们自身的问题。

> We can easily forgive a child who is afraid of the dark; the real tragedy of life is when men are afraid of light.
> — Platon

🔆 柏拉图如是说：孩子惧怕黑暗，情有可原；成人惧怕光明，则是人生莫大的悲剧。生命的本原动力，就是摆脱黑暗，追求光明，这也是人类的宿命

译后记

翻译这本书的过程中，我常常想起两句话。一句是帕斯卡的"人是一根会思考的芦苇"；另一句来自《苏菲的世界》：许多人对于这世界的种种有不可置信的感觉，就像我们看到魔术师突然从一顶原本空空如也的帽子里拉出一只兔子一样。关于小白兔，最好将它比作整个宇宙，而我们人类则是寄宿在兔子毛皮深处的微生物。

在跟随作者从草履虫世界漫步到人工生殖和月球世界，并时不时发出两句跟生物进化完全无关却能原封不动拿来做心灵鸡汤的几个月里，我常常被这两句话所描述的感觉包围。

我们是如此渺小，无论是在时间的洪流还是在宇宙的范畴里都根本不值一提；但在力所能及的范畴内，我们始终在努力认识自己、认识万物和世界。就算这点知识在"神明"眼里微不足道到可笑，但努力生活永远是美丽的。

我始终相信，知识发展和科学进步对生活是有益而不是有害的，未来一定比过去更美好而不是更糟糕。写下这句话的时候，我忽然觉得，或许这正是进化的含义，而不仅限于从猿到人的过程。

只要不失去好奇心，不故步自封地永远满足在自己的世界里，生活总是会进步的，人类大概也一样。

还有一种感受则是：当你站高些、看远些，比如，跟着生物的大游行将地球的几十亿年生命历程收入眼底的时候，那些烦扰你的日常小事，就暂时都不存在了。不记得是谁说过：仰望星空时，你会觉得包围你的不再是生活琐事。我要说：读进化史也能起到同样的作用，而且还能被知识武装起来。这感觉好得很。

实际上，科学的含义不是让每个人都成为某方面的专家，而是让每个人都能用科学的方法和常识去看待这个世界：少点惊惶，多点宽容。这世界会美丽得多。

感谢在我们之前存在过的许多生物，感谢赐予它们和我们生命的地球，是它们让这本书成为可能。

感谢资料已不可寻的作者老先生，虽然他的文艺气质让我吐槽了很久，但把一本科普读物写得如此悲伤和美丽，是他的才华。

我很高兴把这一本加进我的翻译书单里，并奉献给你们。谢谢，我的读者们！

图书在版编目（CIP）数据

从微尘到人类：35亿年的生命小史／（美）约翰·H.
布瑞德雷著；田琳译. -- 北京：中国妇女出版社，
2022.4

ISBN 978-7-5127-2043-5

Ⅰ.①从… Ⅱ.①约… ②田… Ⅲ.①人类进化－普
及读物 Ⅳ.①Q981.1-49

中国版本图书馆CIP数据核字（2021）第249309号

责任编辑：赵　曼
封面设计：尚世视觉
责任印制：李志国

出版发行：中国妇女出版社
地　　址：北京市东城区史家胡同甲24号　　邮政编码：100010
电　　话：（010）65133160（发行部）　65133161（邮购）
邮　　箱：zgfncbs@womenbooks.cn
法律顾问：北京市道可特律师事务所
经　　销：各地新华书店
印　　刷：三河市兴达印务有限公司

开　　本：185mm×260mm　1/16
印　　张：17.75
字　　数：300千字
版　　次：2022年4月第1版　　2022年4月第1次印刷
定　　价：68.00元

如有印装错误，请与发行部联系